통합하고 통찰하는 통통한 과학책 2

2020년 1월 6일 1판 1쇄
2020년 9월 25일 1판 2쇄

지은이 정인경

편집 정은숙·박주혜 **디자인** 김민해
제작 박홍기 **마케팅** 이병규·양현범·이장열 **홍보** 조민희·강효원
인쇄 천일문화사 **제책** J&D바인텍

펴낸이 강맑실 **펴낸곳** (주)사계절출판사
등록 제406-2003-034호 **주소** (우)10881 경기도 파주시 회동길 252
전화 031)955-8588, 8558 **전송** 마케팅부 031)955-8595 편집부 031)955-8596
홈페이지 www.sakyejul.net **전자우편** skj@sakyejul.com
블로그 skjmail.blog.me **페이스북** facebook.com/sakyejul
트위터 twitter.com/sakyejul
사진 NASA, ESA, 위키피디아 커먼즈, 셔터스톡

ⓒ 정인경, 2020

값은 뒤표지에 적혀 있습니다. 잘못 만든 책은 서점에서 바꾸어 드립니다.

사계절출판사는 성장의 의미를 생각합니다.
사계절출판사는 독자 여러분의 의견에 늘 귀기울이고 있습니다.

이 책은 저작권법에 따라 보호받는 저작물이므로 무단전재와 무단복제를 금합니다.

ISBN 979-11-6094-531-7 43400
ISBN 979-11-6094-532-4 (세트)

이 도서의 국립중앙도서관 출판시도서목록(CIP)은
서지정보유통지원시스템 홈페이지(http://www.seoji.nl.go.kr)와
국가자료공동목록시스템(http://www.nl.go.kr/kolisnet)에서
이용하실 수 있습니다. (CIP제어번호: CIP2019051545)

통합하고 통찰하는 **통통한**

정인경 지음

과학책

2

사□계절

서문

"과학 공부를 이렇게 했더라면
좋았을 텐데……."

시대가 변화하고 있습니다. 기계가 인간보다 더 많은 지식을 보유하고 더 빠르고 능률적으로 정보를 처리할 수 있게 되었습니다. 이제 우리는 기존의 지식을 이해하는 차원을 뛰어넘어, 새로운 아이디어와 가치를 생산하는 인재가 필요해졌어요. 2015년에 교육 과정이 개정되어 문과와 이과의 칸막이를 없앤 것도 이 때문입니다. 지식을 폭넓게 받아들이고 생각하는 힘을 키우기 위해 인문, 사회, 과학 기술을 통합한 교과과정으로 바뀌게 되었어요.

그런데 오랫동안 문과와 이과로 나눠진 교육 제도가 변화하기는 쉽지 않습니다. 중고등학교 현장이나 입시 제도, 대학 교육과정에서 시행착오가 거듭되고 있어요. 아마 몇 년은 이러한 진통이 계속될 것 같습니다. 저는 대학에서 과학사와 과학기술학을 가르치고 교양 과학책을 쓰는 작가로서, 이 문제가 제 일처럼 느껴집니다. 우리 사회에서 '과학과 인문학의 융합'이 꼭 필요하다는 것을 잘 알고 있으니까요. 그래서 청소년들의 학교 공부에 도움이 되고, 부모님과 선생님이 함께 읽을 수 있는 책을 준비하게 되었습니다.

그러면 어떤 책이 써야 하나? 이런저런 고민을 하다가 강의 시간에 학생들에게 들었던 말을 떠올렸어요. "고등학교 때 이렇게 과학 공부를 했더라면 잘했을 텐데……." 대학생들은 고등학교 때 과학에 흥미를 잃고 담을 쌓게 된 것을 아쉬워했어요. 저는 곰곰이 제 수업 방식을 돌아보면서 학생들에게 피드백을 받았죠. 무엇이 과학 공부에 도움이 되었는지 알아보았습니다.

첫째는 과학을 사람과 사건의 이야기로 설명하는 방식이 좋았다고 합니다. 딱딱한 과학에 스토리텔링을 입히면 공감과 이해의 폭이 넓어지잖아요. 둘째는 '지식이 무엇인지'보다 '왜 이 지식이 중요한지'를 알려주는 것이 좋았다고 해요. 제 수업에서는 뉴턴의 운동법칙이 무엇인지를 설명하기보다 왜 과학에서 뉴턴의 운동 법칙이 중요한지를 이야기하거든요. 한 걸음 뒤로 물러나서 과학을 큰 흐름에서 보면서 "왜 지금 이 공부를 하는지"를 알려 줍니다. 셋째는 과학의 개념을 기초적인 토대부터 차곡차곡 쌓아올려 연결해서 설명하는 방식입니다. 과학에서 가장 기초적 학문이 물리학이듯이 학문 전체에 위계질서가 있거든요.

저는 이러한 학생들의 이야기를 반영해서 이 책을 구상하게 되었습니다. 먼저 과학적 개념을 수식 없이 글로 설명했어요. 글을 읽고 이해하는 경험은 문해력을 향상시킬 뿐만 아니라 과학적 사실을 깨닫는 즐거움을 안겨줍니다. '인간은 진화했다.'나 '마음은 뇌의 활동이다.'와 같은 문장에는 과학적이며 인문학적인 통찰이 들어 있어요. 왜 인간인가? 인간의 본성과 특별함을 자각하게 만드니까요. 그동안 우리는 과학을 느끼고 자신의 삶과 연결해서 생각할 수 있는 기회를 갖지 못했거든요. 이 책을 통해 과학적 감성과 인문학적 통찰이 무엇인지를 보여주려고 노력했습니다.

그리고 현대 과학을 이끄는 '빅 아이디어'를 선정해서 연결했어요. 1권에서는 큰 '질문'을 던지고 물질, 에너지, 진화를 다뤘습니다. 2권에서는 원자, 빅뱅, 유전자, 지능을 다루었는데 20세기 이전과 이후로 나눠서 과학의 핵심적인 개념을 설명했습니다. 1권에 나오는 뉴턴의 고전역학이나 다윈의 진화론은 2권에 나오는 유전공학이나 인공지능을 이해하는 데 기초가 됩니다. 사실 이 많은 내용을 저 혼자 쓰기에는 벅찬 과제였지만 중요한 것은 하나의 과학적 사실이 아니라 과학 기술의 방향성이라는 생각에서 용기를 내보았습니다.

제가 "이걸 왜 공부하지?"라고 자꾸 질문하니까 제 수업 방식이 요즘 유행하는 '메타인지 학습법'이라고 하더군요. 메타인지는 '생각에 대한 생각'으로 내가 무엇을 아는지 모르는지를 아는 것입니다. 소크라테스가 말한 '너 자신을 알라'가 바로 인간의 메타인지를 뜻하죠.

이 책은 '소크라테스의 죽음'에서 시작해서 '인공지능 시대에 살아가기'로 끝맺습니다. 그 사이에 수많은 과학적 발견과 개념이 나옵니다. 물질과 진화, 에너지, 원자, 유전자 등등이 소개되는데 이것들이 서로 연결이 됩니다. 가령 인공지능을 잘 만들려면 인간을 이해해야 합니다. 인공지능의 목표가 인간처럼 생각하는 기계니까요. 인간을 이해하려면 인간이 생명체니까 생명, 진화, 에너지, 유전자 등을 알아야겠죠. 이렇듯 통합적으로 과학을 살펴볼 필요가 있어요.

이 책의 '지능'에서도 메타인지에 대한 이야기가 나옵니다. 그런데 저는 메타인지를 어떻게 키울까보다 다른 측면의 과학적 설명을 해요. 우리는 왜 진화 과정에서 메타인지를 갖게 된 것일까? 메타인지는 인간의 사회적 지능에서 나왔습니다. 여러 사람들이 모여 살다 보니까 서로의 마음을 읽게 되고, 타인의 관점에서 나 자신을 보게 되었죠. 자기 인식, 자기 객관화의 과정에서 메타인지가 발달했습니다. 다른 사람들이 날 어떻게 생각하는지를 파악해서 잘 어울려서 살기 위해 나온 거예요.

소크라테스의 '너 자신을 알라'는 이렇게 우리가 함께 사는 사회를 향합니다. 과학 기술의 방향성이 중요한 이유는 사회 구성원의 안위를 염두에 두고 사회 공동체의 목표를 찾는 것이기 때문입니다. 과학 기술의 발전으로 소수 몇몇이 혜택 받는 것이 아니라 우리 모두가 행복해야 하니까요. 이 책을 통해 과학의 개념이 스며들고, 시대와 사회가 요구하는 과학 기술이 무엇인지를 느낄 수 있었으면 좋겠습니다.

중고등학교 강연장에서 만난 청소년 중에 기억나는 얼굴이 많습니다. 그 아이들의 반짝이는 눈동자가 이 책을 쓰는 데 큰 힘을 주었어요. 공교육 현장에서 다양한 과학책이 읽히길 희망하며, 책 뒤편에 제가 참조한 좋은 과학책을 소개했습니다. 〈고교독서평설〉에 연재한 글 중에서 일부분을 정리해서 실었어요. 부모님이나 선생님들의 독서 지도에 조금이나마 도움이 되길 바랍니다.

2019년 초겨울에

정인경

차례

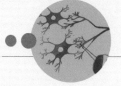

V 〜〜〜〜〜 원자

세상의 모든 것은
원자로 되어 있다

우리는 이 책 1권에서 질문, 물질, 에너지. 진화에 대해서 배
웠어. 이것을 하나로 연결하는 개념이 바로 원자야. 세상이 '물질'
로 이루어졌다는 생각을 바탕으로 출현한 근대 과학은 그 물질의
가장 작은 단위를 찾는 여정에 나섰어. 고대 그리스 철학자들이 했
던 질문, "만물의 근원 물질은 무엇일까?"로 다시 돌아간 거지. 데
모크리토스가 주장한 '원자'의 실체를 밝히는 일이었어. 원자를 이
해하고 다룰 수 있으면 원자의 배열과 조합으로 물질과 에너지, 생
명체의 진화를 더 정확하게 설명할 수 있으니까.

그런데 원자는 너무 작아서 눈으로 볼 수 없었지. "당신이
원자를 본 적이 있어?" 원자론은 언제나 이 질문에 시달렸어. 원자
의 존재를 입증할 수 있을 때까지, 과학자들은 실험실에서 관찰하

고 냄새 맡고 만질 수 있는 '원소'를 찾는 데 매달렸지. 18세기에 라부아지에는 산소와 탄소, 철 등 실험실에서 더 이상 분해할 수 없는 단순 물질을 원소라고 했어. 원소를 30, 40종 정도 찾아내니까 이 원소들 사이에 어떤 패턴이 나타났어. 단단하거나 무르거나, 물에 잘 녹거나 안 녹거나, 금속이거나 아니거나 등등 성질이 비슷한 것끼리 분류할 수 있었지.

19세기에 이르러 멘델레예프는 63종의 원소를 가지고 주기율표를 발표했어. 물질을 분해해서 원소들의 성질을 탐구하고, 이 원소들을 정리해서 표로 나타냈지. 이것은 정말 대단한 거야. 주기율표에 있는 63종의 원소로 우주의 모든 것을 만들 수 있다는 뜻이었거든. 또 주기율이라는 패턴을 알았기 때문에 아직 발견되지 않은 원소도 찾아낼 수 있었어. 그런데 물리학자들은 여기에 만족하지 않았어. 우주라는 집을 60개가 넘는 종류의 벽돌로 지었다는 뜻인데 원소 수십 개는 너무 많고 복잡해 보였거든. 물리학자들은 원소보다 더 작은 궁극의 입자인 원자로 세상을 설명하고 싶었어.

이러한 물리학자의 꿈이 이뤄진 것은 20세기에 들어서야. 아인슈타인이 원자의 존재를 증명했지. 원소에서 원자로 나아가는 데 200년이나 걸렸어. 오래전에 원자를 알고 있었던 것처럼 여겨지지만 사실 우리가 원자의 세계를 알게 된 것은 아주 최근의 일이야. 원자의 발견은 극적인 사건이었어. 원자를 아니까 우주의 원리가 술술 풀리게 되었지. 원자는 우주가 어떻게 생겨나는지, 원소가 어떻게 탄생했는지를 설명해 주었고, 주기율표에서 원소들이 왜 그런 특징을 가지는지 알려 주었어. 지구의 나이가 몇 살인지도 방사능 원소를 통해 확인할 수 있었지.

통합과학 교과서를 펼치면 원자의 구조부터 나오잖아. 현대 과학의 출발점은 원자로부터 시작해. 물리학, 화학, 천문학, 지구과학, 분자생물학 등은 원자의 개념에서 차곡차곡 쌓아 올린 거야. 과학에서 가장 근본적인 개념은 바로 '원자'라고 할 수 있어. 원자를 안다는 것은 '만물의 근원에 대한 모든 것'을 아는 것과 같아. 원자를 알고 나니까, 핵에너지를 이용한 것처럼 세상을 바꿔 나갈 수 있었어. 인간인 우리가 세상의 원리를 파악함으로써 막강한 힘을 얻게 된 거야.

19세기에 화학자 칸니차로는 이런 말을 했어. "새로운 과학을 배우는 사람은 과학이 겪은 발전 과정을 한 단계, 한 단계 거쳐야 한다." 사실 원자는 2500년 동안 몇 단계를 거쳐서 밝혀졌어. 돌턴의 원자설이 나왔고, 멘델레예프의 주기율표가 만들어졌고, 그 다음에 러더퍼드와 같은 물리학자들이 원자의 구조를 발견했지. 이 장에서는 원자의 발견 과정을 살펴보면서 원자를 이해할 거야. 원자가 간단한 것 같지만 그 안에 어마어마한 원리가 숨어 있거든.

1. 원소에서 빛이 나오다

햇빛이 들지 않는 파리

마리 퀴리(1867~1934)는 우리에게 '퀴리 부인'으로 잘 알려진 유명한 여성 과학자야. 그녀는 폴란드에서 태어나 1891년에 프랑스의 소르본 대학 물리학과에 입학했어. 여성이 과학 공부를 하기가 무척 힘든 시절이었지. 마리는 소르본 대학 물리학과에 겨우 입학했지만 골방 같은 연구실에서 홀로 연구해야 했단다. 1893년에 석사 학위를 받고, 2년 뒤 젊은 화학자 피에르 퀴리(1859~1906)와 결혼했어. '퀴리 부인'이 되었지만 그녀의 삶에 큰 변화는 없었지. 여전히 작은 임대 주택에 살면서 소박하고 단조로운 생활을 하고 있었어.

1897년에 마리 퀴리는 박사 학위 논문 주제를 찾다가 앙리 베크렐의 논문을 읽었어. 1년 전에 발표된 베크렐의 연구는 아주 흥미로웠어. 세상에 자발적으로 빛을 내는 물질이 있다는 거야. 베크렐이 발견한 우라늄은 특별한 원소였어. 1895년에 뢴트겐이 발견한 X선보다 훨씬 신비로운 거였지. X선은 유리관 양쪽 끝에 전극을 장치한 진공관에서 나온 방사선이야. 전기를 켤 때마다 진공관 근처에 놓아둔 형광 스크린으로 X선이 나오는 것을 확인할 수 있었지. 그런데 우라늄에서 나오는 방사선은 태양 광선이나 전기 방전과 같은 외부 에너지원과는 아무 상관이 없었어. 햇빛을 쪼이거나, 화학 물질에 반응하거나, 진공관에 전기 방전을 시키거나 하지 않아도 빛이 나오는 거야.

베크렐이 우라늄에서 방사선을 발견한 것은 우연이었어. 처음에 베크렐은 우라늄이 뢴트겐이 발견한 X선을 방출한다고 생각했어. 햇빛에 쪼인 우라늄을 감광판 위에 올려놓으면 X선이 종이를 통과하는 것처럼 검게 변했어. 베크렐은 똑같은 실험을 반복하며 그 현상을 관찰하고 싶었지. 그런데 한겨울에 파리 날씨가 흐려서 실험할 수 없었어. 베크렐은 포기하고 우라늄과 작은 구리 십자가와 감광판을 검은 종이에 둘둘 말아서 서랍에 처박아 두었어. 한 일주일 정도 지나서 서랍을 열어 보고는 깜짝 놀랐어. 감광판은 우라늄을 햇빛에 쪼였을 때보다 훨씬 더 검게 변해 있었거든. 구리 십자가의 윤곽까지 또렷하게 찍혀 있었어. 우라늄은 스스로 빛을 내고 옆에 있는 구리 십자가에도 영향을 미쳤던 거야. 베크렐은 이것을 논문으로 써서 발표했는데 학계에서는 아무런 반응이 없었어.

　유독 마리 퀴리만 베크렐의 우라늄 방사선에 관심을 가졌어. 그녀는 방사선을 방출하는 다른 원소가 있는지 찾아보기로 결심했어. 퀴리 부부는 그때까지 알려진 70가지 원소를 대상으로 체계적인 조사에 착수했지. 그 결과 토륨에서 우라늄과 같은 방사선이 나오는 것을 발견했어. 우라늄과 토륨은 몇 년 혹은 몇 달 동안 똑같은 양의 에너지를 외부로 내놓았던 거야. 더위나 추위, 자기장, 진공관, 태양 광선, 화학 시약 등에 전혀 영향을 받지 않았는데도 말이지. 퀴리 부부는 이 현상을 방사능(radioactivity)이라고 처음으로 명명했어. 방사능 원소의 중요성을 알아본 거야.

　그다음부터 퀴리 부부의 발걸음은 빨라졌어. 방사능은 왜 일어나는 것일까? 방사능 원소를 더 찾아보고 방사능의 원인을 밝히려고 했지. 그들은 우라늄이 섞여 있는 역청 우라늄석에서 방사능이 얼마나 나오는지를 측정했어. 불순물이 포함된 역청 우라늄석은 순수 우라늄보다 네 배가 더 많은 방사능이 나오는 거야. 그렇다면 역청 우라늄석에는 우라늄보다 더 방사능이 강한 원소가 들어 있다는 뜻이지. 퀴리 부부는 역청 우라늄석을 정밀 분석하기 시작했어. 그리고 1년도 채 안 되어서 굉장한 발견을 했어. 역청 우라늄석에는 화학 조성이 다른 두 개의 새로운 방사능 원소가 있었던 거야. 바로 폴로늄과 라듐이었지. 1898년 퀴리 부부는 이 두 원

방사능 원소의 발견

베크렐은 어두운 서랍에 넣어 둔 우라늄이 감광판을 검게 만든
것을 보고 방사선의 존재를 처음으로 발견했다. 퀴리 부부는
역청 우라늄석에서 새로운 방사능 원소인 라듐을 발견하고
고된 노동 끝에 분리해 내는 데 성공한다. 방사선의 미스터리는
원자를 탐구하는 데 분기점이 되었다.

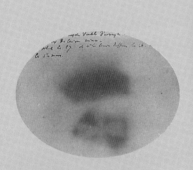

베크렐

마리 퀴리

라듐은 끊임없이 에너지를
발산했어. 어디서 이 에너지가
나오는 것일까?

소의 발견을 공표하며 방사능의 시대가 온 것을 세상에 알렸어.

라듐의 색깔이 아름다웠으면

마리 퀴리는 어마어마한 양의 방사선을 방출하는 라듐에 매료되었어. 라듐을 눈으로 확인하고 직접 만져 보고 성질을 탐구해 보고 싶었어. 그런데 라듐을 따로 분리하기란 불가능에 가까웠단다. 역청 우라늄석에 라듐이 1000만분의 1정도 들어 있었거든. 거의 무시할 수 있을 정도의 극소량이었지. 더구나 역청 우라늄석을 구하기도 무척 어려웠어. 이쯤 되면 누구라도 포기하고 도망칠 만한데 마리 퀴리는 1900년까지 라듐을 분리하겠다는 계획을 세우고 도전했어.

먼저 역청 우라늄 광석을 확보하기 위해 이곳저곳을 수소문했단다. 보헤미아의 광산에서 우라늄을 추출하고 버린 광물 찌꺼기가 있다는 정보를 얻었지. 오스트리아 정부에 연락을 해 1톤을 제공받는 데 성공했어. 그런데 1톤 가지고도 모자라 어쩔 수 없이 사비를 털어서 광석을 더 사들여야만 했어. 그다음에 광석을 처리하는 과정은 더 큰 고난의 연속이었지. 소르본 대학 물리학과의 버려진 창고에서 작업을 했는데 거의 막노동이나 마찬가지였어. 창고에는 유독 가스를 내보내는 굴뚝조차 없어서, 마리 퀴리는 바깥마당에 주물 냄비를 설치하고 광석을 끓이고 젓다가, 커다란 항아리에 따르고 옮기는 일을 반복했어. 창고 안에는 온통 침전물과 액체를 담은 항아리가 가득했지. 목과 눈을 괴롭히는 연기 때문에 기침이 나오는 것을 참아 가며, 키만 한 철봉으로 광석 용액을 휘 젓는 일을 했어. 꼬질꼬질하게 때가 낀, 구멍이 숭숭 난 작업복을 입고 하루 종일 공장 노동자처럼 일했단다.

그렇게 4년을 보내는 동안 라듐이 농축된 물질이 쌓여 갔 어. 라듐을 분리할 마지막 단계에 이른 거야. 그런데 퀴리 부부에 게는 깨끗한 작업실이나 정제할 수 있는 정교한 실험 장치가 없었 어. 창고의 낡은 탁자 위에 있는 라듐 농축액은 먼지와 바람에 그 대로 노출되어 있었지. 이것을 보고 있노라니 마리 퀴리는 초조해 서 미칠 지경이었어. 지난 4년 동안의 노력이 허사가 되어 버릴 것 같았거든. 퀴리 부부는 끝이 보이지 않는 상황에 점점 지쳐 갔어. 피에르 퀴리는 도저히 순수한 라듐을 추출할 수 없다는 생각이 들 었지. 마리 퀴리에게 실험을 그만 중단하자고 제안하기도 했어.

하지만 마리 퀴리는 라듐을 절대 포기할 수 없었어. 라듐은 어떤 것일까? 늘 마음속에서 라듐의 색깔과 형태, 질감, 냄새를 상 상했어. 마침내 퀴리 부부는 서로를 격려하며 이 난관을 극복했지. 몇 톤의 역청 우라늄을 동원해서 순수한 라듐 0.1그램을 정제하는 데 성공한 거야. 라듐의 존재를 예측한 지 42개월이 흐른 1902년 에 초인적인 힘으로 이뤄 낸 결과였어. 처음 라듐을 분리한 날, 퀴 리 부부는 흥분되어 좀처럼 잠을 이룰 수가 없었어. 2시간 전에 떠

나온 창고로 되돌아가고 싶어졌지. 아름답고 사랑스러운 라듐이 그들을 부르는 듯했거든. 당장 외투를 걸쳐 입고 창고로 달려갔지. 꼭 사랑에 빠진 사람들처럼 말이야.

"불을 켜지 마세요." 어둠 속에서 마리의 얘기가 들려왔다. 그리고 그녀의 조그만 웃음소리가 들려왔다. "당신이 내게 했던 말 생각나요? 라듐의 색깔이 아름다웠으면 좋겠다던 말……." 오래전에 가졌던 소박한 소망보다도 실제는 더 매혹적인 것이었다. 라듐은 '아름다운 색깔' 이상의 어떤 것을 가지고 있었다. 그것은 스스로 빛을 내었다. 침침한 창고 안에는 아주 작은 유리 포집기 안의 그 고귀한 물건이 테이블 위와 벽의 선반 위에 놓여 있었고, 거기서 푸른 형광 불빛이 뿜어져 나왔다.
"보세요…… 보세요……." 그녀는 더듬거렸다.
그녀는 조심스럽게 앞으로 다가가 밀짚 바닥의 의자를 찾았다. 아무 말 없이 어둠 속에 앉아 그들은 창백하게 빛나는 신비로운 방사성 물질, 바로 그들의 라듐을 바라보고 있었다. 그녀는 몸을 앞으로 숙여 한 시간 전에 그녀의 잠든 아이 옆에서와 같은 자세로 라듐을 바라보고 있었다. 남편의 손길이 가볍게 그녀의 머리카락에 와 닿았다. 마리는 이날 저녁의 찬란했던 기억을 영원히 잊지 못할 것이다.

1903년에 마리 퀴리는 지난 6년간의 연구 과정을 박사 학위 논문에 담았어. 그해 퀴리 부부와 베크렐은 공동으로 노벨 물리학상을 받았단다. 1899년부터 1904년까지 퀴리 부부는 방사능에 관해 32편이나 되는 논문을 발표했어. 프랑스에서 처음 발견된 방사능은 유럽 과학계로 퍼져 나갔지. 여러 나라의 과학자들은 아직 알려지지 않은 방사능 원소를 찾기 위해 연구했어. 메소토륨, 라디오토륨, 이오늄, 프로트악티늄, 방사능 납 등이 새로이 추가되었지.

1903년 영국 과학자 램지와 소디는 라듐이 소량의 헬륨 가스를 계속적으로 방출한다는 것을 입증했어. 라듐의 특성이 점차로 밝혀지자 사람들은 더욱 놀랐지. 라듐의 방사능은 퀴리 부부가 예측한 것보다 훨씬 강했거든. 우라늄의 방사능보다 200만 배 이상 컸으니까. 또 라듐은 스스로 열을 내는데 1시간 안에 같은 양의 얼음을 녹일 수 있는 정도의 열을 방출했어. 라듐이 가진 놀라운 특성은 여기서 그치지 않았지. 라듐은 자발적으로 빛을 내지 못하는 많은 물질에 형광 특성을 갖도록 만들었어. 라듐의 방사능은 마치 전염병처럼 주변에 퍼져 나갔어. 식물이든, 동물이든, 사람이든 라듐 곁에 있는 모든 것에서 방사선이 검출되었던 거야.

라듐은 끊임없이, 꾸준히 에너지를 발산했어. 이렇게 어마어마한 에너지는 어디서 발생되는 것일까? 물리학에서 가장 믿을 만한 법칙은 보존 법칙이야. 질량이나 에너지는 새롭게 만들어지거나 사라질 수 없거든. 지금까지 이 법칙에 위배하는 현상이 발견된 적이 없었어. 보존 법칙에 따라 방사능 원소의 에너지는 외부든, 내부든 어디서 조달되어야 해. 주기율표를 만든 멘델레예프는 우주에 '에테르'가 있어서 방사능 원소에 에너지를 주었다고 생각했어. 그는 퀴리 부부를 만나서 에테르가 라듐 에너지의 근원이라고 말했어. 원소 내부에서 에너지가 나온다고 하면 원소의 화학적 성질이 바뀌는 '원소 변환'을 인정해야 하니까, 외부에서 에너지를 흡수한 거라고 생각한 거야.

방사능 원소는 과학자들에게 수수께끼를 던져 주었어. 퀴리 부부가 볼 때 에테르는 불분명한 물질이었거든. 멘델레예프가 주장하는 외부 에너지 기원설을 받아들일 수가 없었지. 퀴리 부부는 라듐의 에너지를 '원자의 속성'에서 비롯된 내부 에너지라고 추측했어. 하지만 원자의 어떤 속성인지는 전혀 알 수 없었지. 원자 자체가 무엇인지도 확인하지 못한 상황이었어.

1898년에 마리 퀴리는 "방사성 물질의 질량 감소로 에너지가 방출될지 모른다."는 대담한 주장을 내놓았는데 과학자들은 모두 반신반의했어. 세계를 이루는 원자는 물질계의 주춧돌이니까. 과학자들은 원자가 절대 파괴되거나 분열될 수 없다고 생각했지. 원자의 숫자, 크기, 질량은 처음 탄생할 때와 동일하다고 확고하게 믿고 있었어. 고대 데모크리토스에서부터 돌턴, 맥스웰에 이르기까지 모든 과학자들은 원자 불가분의 원칙을 고수했어.

그렇다면 방사능은 무엇일까? 방사능이 자연 발생하는 원인을 어떻게 설명해야 하나? 20세기 문턱에서 발견된 방사능의 미스터리는 원자를 탐구하는 데 분기점이 되었어. '원자의 실체'라는 판도라의 상자가 열린 거야. 방사능 원소의 발견 이전에 원자는 상상 속에 존재하는 가설에 불과했지. 그럼 18세기로 돌아가 과학자들이 원소와 원자를 어떻게 예측하고 구상했는지를 살펴보도록 하자. 세상에 없던 원자를 찾아낸 것은 원자가 실재한다는 믿음에서 나온 거니까.

2. 원소들 사이에 질서가 있다

물질 분열시키기

아리스토텔레스의 4원소설은 17세기까지 번성했어. 사람들은 모든 물질이 물과 불, 흙, 공기로 이뤄졌다고 생각했지. 그런데 4원소가 포함되지 않은 물질이 있는 거야. 가령 금이나 은에서 물이나 흙을 추출할 수 없으니까. 그렇다면 원소는 무엇일까? 세상에 원소라는 것이 있기는 한 걸까? 근본적인 것부터 의심이 들었지. 위대한 아리스토텔레스가 말한 거니까 믿어 왔는데 점점 4원소설에 문제가 많다는 것을 알게 되었어. 1661년에 로버트 보일이『회의적 화학자』(The Sceptical Chymist)라는 책을 썼어. 보일은 의심하고 또 해서 더 이상 의심할 여지가 없는, 실험으로 반드시 검증할 수 있는 지식을 추구하자는 뜻에서 '회의적'이라는 말을 쓴 거야.

그로부터 100년이 지나서 4원소설은 의심의 단계를 넘어 폐기 처분되었어. 프랑스의 과학자 앙투안 라부아지에(1743~1794)가 화학의 혁명을 일으켰거든. 그는 물과 불, 흙, 공기는 "지금까지 생각했던 것처럼 단일 물질이 아니며, 원소라고 부르는 것이 적절치 않다."고 선언했어. 실험을 통해서 하나하나 입증하고, 화학의 개념과 용어를 새롭게 만들어서 아리스토텔레스의 4원소설이 설자리를 없애 버렸지.

'화학'이라고 하면 어렵게 느껴지는데 화학은 물질을 탐구하는 학문이야. 물리학은 물질이 왜 저렇게 움직이는지를 탐구한다면, 화학은 물질이 왜 저렇게 생겼는지를 탐구해. 태양과 지구, 우리 몸이나 고양이, 텔레비전이나 과자가 모두 물질이잖아. 이 물질들이 왜 저런 모양일까? 작은 물질부터 큰 물질까지 뭔가 질서가 있으니까 엉망진창이지 않고 잘 돌아가겠지.

라부아지에가 처음 깨달은 것은 아리스토텔레스의 4원소가 근본 물질이 아니라는 거야. 세상에는 물, 불, 흙, 공기보다 더 근본 물질이 있었어. 밀폐된 플라스크에 전기 충격을 가하면 산소와 수소가 폭발하면서 물이 생성돼. 이 실험은 수소를 발견한 영국의 과학자, 헨리 캐번디시(1731~1810)가 입증했단다. 라부아지에는 이 실험에서 새로운 사실을 깨달았어. 바로 물은 두 원소, 산소와 수소의 화합물이라는 거야. 이 실험을 거꾸로 진행해 보면 물을 산소와 수소로 나눌 수 있어. 이제 물을 아리스토텔레스 말대로 근본 물질이라고 할 수 없게 된 거야. 오히려 물을 구성하는 산소와 수소가 더 이상 쪼갤 수 없는 단순 물질이었지. 이 단순 물질을 라부아지에는 '원소'라고 정의했어.

세상의 모든 물질은 결합하고 다시 분리할 수 있다! 그러면 물질은 어떻게 결합하고 분리되는 것일까? 원소가 어떻게 생겼길래, 서로 끌어당겨서 결합하는 힘이 있는 것일까? 바로 이 질문으로부터 화학의 첫걸음이 시작되었어.

먼저 라부아지에는 원소, 혼합물, 화합물의 개념을 세웠어. 데모크리토스의 원자설을 알고 있었지만 그는 실험실에서 눈으로 직접 확인할 수 있는 원소들을 찾기 시작했어. 원자보다 원소가 실제로 존재한다고 믿은 거지. 그리고 그 원소들이 화학 반응을 통해 서로 결합한 것이 화합물이고, 화학 반응을 일으키지 않고 물리적으로 단순히 섞여 있으면 혼합물이라고 구분했어.

라부아지에는 자연에 세 종류의 변화가 있을 뿐이라고 생각했어. 첫 번째는 고체의 모양 변화나 운동과 같은 '물리적 변화'야. 두 번째는 물질들이 결합·분리되어 다른 성질을 지닌 새로운 물질로 변하는 '화학적 변화', 세 번째는 물질이 고체, 액체, 기체로 변하는 '상태의 변화'야. 라부아지에가 연구한 것은 두 번째 '화학적 변화'였어. 이렇게 과학에서 개념을 명료하게 이해하는 것은 아주 중요해. 화학 혁명은 원소, 화합물 등을 정확히 정의하는 것에서부터 시작되었거든.

　라부아지에는 자신이 세운 이러한 화학 체계를 산소의 발견에 적용했어. 산소는 라부아지에 말고도 조지프 프리스틀리(1733~1804)와 칼 셸레(1742~1786)도 발견했지. 이들은 산화수은을 가열해서 물질을 잘 태우는 연소성을 가진 공기, 산소를 얻었어. 세 명 모두 똑같은 실험을 하고 똑같은 관찰을 한 거야. 그런데 실험에 대한 '해석'이 달랐어. 프리스틀리와 셸레는 산소를 일종의 공기라고 생각했지만 라부아지에는 산소를 '순수한 공기', 즉 고유한 성질을 지닌 물질로 이해했어. 산소가 그저 흔한 공기가 아니라 공기를 구성하는 '원소'라는 사실을 간파한 거야. 산소를 발견한 과학자는 여럿이었지만 산소를 원소로 만든 과학자는 라부아지에뿐이었어.

　"더욱 엄격한 사고방식으로 화학을 연구해야 할 때가 왔다." 산소를 발견했을 때 라부아지에는 이렇게 말했어. 화합물은 원래의 성분들로 다시 분해될 수 있어. 이 과정에서 물질의 질량은 변하지 않아. 이것이 질량 보존의 법칙이야. 라부아지에는 우주의 물질이 사라지지 않고 다른 물질과 결합해서 어딘가에 있을 거라고 통찰한 거야. 그는 1789년에 『화학 원론』이라는 교과서를 출간하고, 33종의 원소를 바탕으로 물질의 이름을 새롭게 만들었어. 물질이 어떤 원소들로 구성되었는지 알아보기 쉽게 조합한 거야. 수은과 산소가 결합한 수은재는 산화수은으로 이름을 붙였어. 오늘

원소의 정체를 찾아서

세상의 모든 물질은 결합하고 다시 분리할 수 있다!
라부아지에는 물질을 구성하는 단순 물질을 '원소'라고 정의하고,
혼합물, 화합물의 개념을 세웠다. 여기에서부터 화학의 혁명이
시작되었다.

더욱 엄격한 사고방식으로
화학을 연구해야 할 때가 왔다.

라부아지에

날 과학 교과서에 나오는 이산화탄소, 염화나트륨, 산화탄소 등의
이름을 라부아지에가 만들었단다.

데이비의 전기 분해와 돌턴의 원자 모형

19세기 화학자들이 거둔 최고의 업적은 물질을 원소로 분
해하는 일이었어. 영국의 과학자 험프리 데이비(1778~1829)는 전
기를 이용해서 다양한 화합물을 분리했지. 물에 전기를 흘려보내
면 물이 분해되어 전지의 한쪽 전극에는 수소, 다른 쪽 전극에는
산소가 모이는 거야. 이렇게 전기 화학 실험을 다양한 화합물에 시
도해 보았어. 염화나트륨인 소금을 물에 녹이면 전기가 잘 통하거
든. 데이비가 그림과 같이 소금물에 전지를 연결해 보았더니, 나트
륨과 염소가 분해되어 각각의 전극에 붙었어. 이렇게 전기로 화합
물을 쪼개는 전기 분해 방식으로 나트륨과 염소, 칼륨, 칼슘, 마그
네슘, 스트론튬, 바륨 등을 발견했지.
　　데이비는 전율을 느꼈어. 지금까지 숨겨 왔던 비밀의 세계
를 파헤치고 있다는 기쁨에 들떴지. 그는 라부아지에가 정리해 놓
은 화학 체계에 새로운 발견을 덧붙여 나갔어. 전기가 물질을 분리
할 수 있다면 물질을 결합시키는 힘은 바로 '전기'라는 생각을 떠
올렸지. 모든 물질은 전기를 띠고 있고 이 전기가 화학적 결합을
만드는 것은 아닐까? 물질은 전기의 힘으로 뭉쳐 있는 것이 아닐

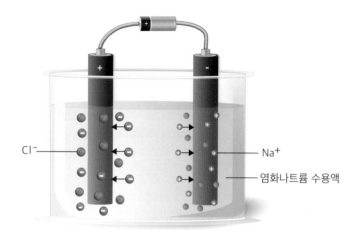

CI⁻

Na⁺

염화나트륨 수용액

염화나트륨의 전기 분해

까? 화학적 친화력은 전기력과 같은 힘이 아닐까? 뉴턴은 세상에
중력만 있다고 했지만 데이비는 원소들 사이에 작용하는 제2의 힘
이 있다고 예측했어. 물질을 결합시키는 전기력이 물질의 비밀이
라는 것을 깨달은 거야.

　　　또한 데이비는 라부아지에가 잘못 안 것을 바로잡았어. 라
부아지에는 열을 하나의 원소(열소)로 취급했지만 데이비는 열이
원소가 아니라는 것을 알아챘지. 두 손을 서로 비비면 열이 나잖아.
얼음이 마찰로 녹는 것을 보여 주고는 '열은 물질이 아니라 에너지
의 일종'이라고 주장했어. 이 실험을 담은 논문 「열과 빛의 소고」에
서 "열 원소가 존재하지 않는다는 사실을 증명했다."고 밝혔지.

당시에 시큼한 맛을 내는 '산성'(acid) 물질이 미스터리였어. 라부아지에는 산소를 포함하면 산성 물질이 되는 줄 알았지. 산소는 황이나 탄소와 결합하면 물에 녹으면서 산을 형성하는 기체를 생성했거든. 이것을 보고 라부아지에는 '산 형성자'를 뜻하는 그리스어에서 '산소'(oxygen)라는 이름을 가져왔어. 그런데 모든 산에는 산소가 포함되어 있지 않았어. 데이비는 전기 분해법을 이용해서 염산을 각 원소로 분해했지. 그랬더니 염산에는 산소가 없고 수소와 염소만 들어 있었어. 1810년에 데이비가 이것을 밝혔는데 산에 관한 현대적 이론이 나온 것은 거의 100년이 지나서야. 원자 구조가 알려지고 나서야 산과 염기가 무엇인지 정확히 이해할 수 있었단다.

데이비에 이어 라부아지에의 원소 개념을 발전시킨 과학자는 영국의 존 돌턴(1766~1844)이야. 그는 1800년에 현대적 의미의 원자설을 내놓았어. 원소가 서로 다른 원자로 구성되어 있다고 주장했지. 수소 원소는 수소 원자, 산소 원소는 산소 원자로 되어 있다는 거야. 그러면 왜 굳이 원소를 원자로 나타냈을까? 돌턴은 원소의 차이가 무엇 때문에 생기는지를 고민했어. 왜 수소는 수소이고 산소는 산소일까? 수소와 산소는 색이 다른 것일까? 아니면 모양이 다른 것일까? 수소는 빨간색이고 산소는 파란색이라서, 아니면 수소는 네모이고 산소는 세모라서 원소가 달라진 것일까?

돌턴은 원자의 '질량'에 주목했어. 원소는 색이나 모양이 아

통통한 과학책 2

니라 질량이 다른 원자로 구성되어 있다는 거야. 왜 이런 생각을 했냐면 프랑스의 화학자 루이 프루스트(1754~1826)가 '일정 성분비의 법칙'을 발표했거든. 프루스트는 화합물을 구성하는 원소의 질량비가 항상 일정하다는 것을 발견했어. 붉은색 황화수은은 실험실에서 합성하건, 광물로 발견되건, 항상 수은과 황의 비율이 일정하게 결합되어 있었지. 돌턴은 이 법칙에서 원자 가설의 영감을 얻었어.

수소와 산소가 결합해서 물을 만들 때 1:8의 비율로 항상 결합했지. 수소 원자의 질량을 1이라고 기준을 삼으면 산소의 원자량은 8이 되거든. 각 원소는 고유한 원자량이 있어서 그것을 기본 단위로 화학 반응을 했어. 어느 한쪽이 많이 있으면 1:8의 질량비만큼만 물이 되고 나머지는 반응하지 않고 남는 거야. 여기에서 돌턴은 수소와 산소가 기본 단위의 알갱이로 있다는 생각을 했어. 수소가 1원짜리 동전이라면 산소는 8원짜리 동전으로 존재하는 거지. 바로 그 기본 단위가 '원자'야. 각각의 원소는 질량이 다른 원자로 구성되어 있다고 가정한 거지.

원소는 양과 상관없이 근본적인 물질을 가리키고, 원자는 그 물질의 기본 단위를 뜻해. 원소마다 화학적 성질이 다른데 이러한 차이를 부여한 것이 원자의 질량, 원자량이라는 거야. 돌턴은 1808년『화학원리의 새로운 체계』에 원소의 원자량 표를 만들어서 실었어. 이 원자량은 원자의 실제 질량이 아니라 수소 원자를 기준

보이지 않는 원자 증명하기

전기 분해로 많은 원소들을 분리하는 데 성공한 데이비,
원소 기호를 도입해서 원자에 실체를 부여한 돌턴, 원자들이
쌍을 이루고 있다는 분자 개념을 도입하여 화학식의 오류를
바로잡은 아보가드로.

전기가 물질을 분리할 수
있다면 물질을 결합하는 힘도
전기가 아닐까?

원소마다 고유한
원자량이 있어 그것을 기본 단위로
화학 반응을 하지.

데이비

돌턴

화합물은 분자 개념을 도입해야
비로소 정확히 이해된다.

아보가드로

으로 상대적 질량을 계산한 거야.

　　돌턴 시대에 대부분 화학자들은 원자의 개념을 미심쩍어했지. 어떤 과학자는 원자를 "돌턴이 만든 동그란 나무공"일 뿐이라고 대놓고 무시했어. 하지만 아래와 같은 원자 모형은 사람들의 상상력을 자극하고 원자가 실재한다는 느낌을 주기에 충분했어. 원자 모형은 복잡한 화학 반응을 시각화하는 데 큰 도움을 주었거든. 화학자들에게 원소의 화학 반응을 정확한 수치로 나타내는 것은 중요한 문제였어. 원소 기호로 화학 방정식을 나타내니 이해하기가 훨씬 편해졌지. 라부아지에와 돌턴은 화학에서 언어 혁명을 일으킨 것이나 다름없었어. 물질의 조성과 구조를 기호나 문자로 기록하니까 모든 것이 머릿속에서 환하게 이해되는 느낌이 들었지. 원소와 원자는 이렇게 추상적인 의미를 가지고 우리 곁으로 다가왔단다.

	수소	1		황	13		스트론튬	46		납	90
	질소	5		마그네슘	20		바륨	68		은	190
	탄소	5		석회	24		철	50		금	190
	산소	7		나트륨	28		아연	56		백금	190
	인	9		칼륨	42		구리	56		수은	167

돌턴이 만든 원자량 표. 수소 원자를 기준으로 상대적 질량을 계산했다.

돌턴은 수소 원자 하나와 산소 원자 하나가 결합해서 물이 생성된다고 주장했어. 화학식으로는 H+O→HO 라는 거야. 뭔가 이상하지? 요즘에 물의 화학식이 H_2O라는 것을 모르는 사람은 거의 없을 거야. 그런데 왜 물은 HO가 아니고 H_2O일까? 간단한 것 같지만 이 문제가 풀리기까지 화학자들 사이에 엄청난 논쟁이 있었고, 50년 가까이나 시간이 걸렸어.

돌턴이 원자량 표를 발표할 즈음에 프랑스의 화학자 게이 뤼삭이 '기체 반응의 법칙'을 발견했어. 기체들이 화학 반응을 할 때 일정한 부피의 비로 결합한다는 거야. 기체는 질량 단위보다는 부피의 단위로 나타냈을 때 더 명료한 결과를 얻을 수 있었어. 수소와 산소가 물이 될 때 그 부피가 2:1로 반응했지.

수소 부피 2단위 + 산소 부피 1단위 → 수증기 부피 2단위

이 새로운 화학 법칙은 돌턴의 원자설에 심각한 문제를 제기했어. 돌턴은 원자가 더 이상 쪼개지지 않는다고 했잖아. 그런데 이 법칙이 성립하려면 산소 원자가 쪼개져야 해. 그래야 수소 원자 둘과 산소 원자 하나가 결합하는 일이 일어날 수 있어. 수소 원자 하나에 산소 원자 $\frac{1}{2}$개가 필요하니까.

3년이 지난 1811년에 이 문제를 해결한 과학자가 나타났어. 이탈리아의 물리학자 아보가드로(1776~1856)가 원자들이 쌍을 이루고 있다는 '분자'의 개념을 제시했어. 그는 대부분의 기체가 두 개의 원자로 되어 있다고 주장했어. 수소와 산소는 자연 상태에서 원자가 두 개씩 결합된 H_2와 O_2의 분자로 존재한다는 거야. 각 분자가 두 개의 원자로 이루어졌다면 원자를 쪼개지 않고 분자를 쪼갤 수 있잖아. 아보가드로는 아래와 같이 화학식으로 나타냈어.

$$2H_2 + O_2 \longrightarrow 2H_2O$$

이렇게 수소와 산소가 반응할 때는 수소 분자 두 개가 쪼개져서 수소 원자 네 개가 되는 거야. 산소 분자는 쪼개져서 산소 원자 두 개가 되는 것이고. 이때 수소 원자 두 개와 산소 원자 한 개가 결합해서 수증기 분자 H_2O 한 개를 만들고, 이렇게 또 하나를 더 만들어서 수증기 분자 H_2O 두 개가 생성되는 거야. 화학 반응에 참여한 원자는 모두 6개인 거지. 그러면 원자를 쪼갤 수 없다는 돌턴의 원자설을 지키면서 게이뤼삭의 법칙까지 만족시킬 수 있잖아.

그런데 돌턴은 아보가드로의 분자를 받아들이지 않았어. 같은 원자 두 개가 화학 결합을 할 수 없다고 보았기 때문이야. 대부분 화학자들도 돌턴처럼 원자 두 개가 결합한다는 것을 선뜻 인정할 수 없었지. 같은 전하끼리 서로 밀어내듯이 같은 원자는 서로 밀어낼 것이라고 생각했거든. 그래서 아보가드로의 결정적인 발견은 조용히 묻혀 있을 수밖에 없었어. 아보가드로가 죽은 지 2년이지난 1858년에 이탈리아의 화학자 칸니차로(1826~1910)가 분자의개념을 재발견한 거야.

1860년 독일의 카를스루에에서 제1차 국제 화학 학회가 열렸어. 화학자들이 원자와 분자의 개념을 이해하기 위해 마련한 자리였지. 당시에 화학자들마다 원소의 원자량을 다르게 쓰고 있어서 혼란스러웠거든. 칸니차로는 원자와 분자의 개념을 설명하는소책자를 발간해서 화학자들에게 나눠 주었어. 예를 들어 물 분자는 전체 질량 중에 산소가 88.8퍼센트, 수소가 11.2퍼센트를 차지하고 있어. 화학자들은 수소와 산소의 질량비를 1:8로 보고 산소의 원자량을 8이라고 했지. 그런데 이런 것이 잘못되었음을 칸니차로가 지적한 거야. 물 분자는 HO가 아니라 H_2O잖아. 수소 원자2개와 산소 원자 1개가 결합한 것이라서 수소와 산소의 질량비는1:16이지. 따라서 산소 원자량은 8이 아니라 16으로 고쳐야 했어.

칸니차로는 수십 년 동안 혼란을 빚어 온 원자와 분자, 원자량을 정하는 데 결정적인 역할을 했어. 카를스루에 학회가 끝나고화학자들은 원자와 분자의 차이를 정확히 이해하게 되었지. 돌턴의 원자가 원소의 가장 작은 형태라면, 아보가드로의 분자는 화합물의 가장 작은 형태야. 물 분자(H_2O)를 수소 원자와 산소 원자로분해하면 화학적 성질이 변해. 수소와 산소는 물과 전혀 다른 물질이잖아. 세상 대부분의 물질은 원소보다는 화합물, 즉 분자의 형태로 있어. 그래서 화학에서 분자를 중요하게 다루고 있단다.

분광학, 원자의 빛

아리스토텔레스는 물, 불, 흙, 공기의 4원소 말고, 또 다른 원소가 하나 더 있다고 했어. 제5원소 에테르야. 그는 지구 밖의 우주는 에테르라는 원소로 이뤄졌다고 말했어. 왜냐면 아리스토텔레스는 지상계와 천상계를 구분했거든. 천상계가 지구의 물질로 만들어졌을 리 없다고 생각한 거야. 그래서 태양과 행성, 별은 아주 특별한 원소, 영원불멸의 제5원소로 이뤄졌다고 상상했어. 과연 제5원소가 있을까? 지구 바깥에는 어떤 원소가 있는 것일까? 수천 년 동안 천문학에서 궁금해했던 질문이었어.

우주선을 타고 지구 밖으로 나가기 전까지 우리가 우주를 이해하는 유일한 통로는 '빛'이었어. 오직 빛이라는 메신저를 이용해서 우주를 관찰할 수 있었지. 태양이나 별에서 방출된 빛은 지구에 도달해서 우리 눈에 닿았어. 우주에서 날아온 그 빛은 무엇일까? 아리스토텔레스가 말한 대로 제5원소 에테르가 있을까? 17세기의 과학자들은 빛의 성질을 집중적으로 분석했어. 망원경과 현미경을 개발해서 새로운 현상을 탐구했단다.

빛을 연구하는 광학은 뉴턴에게서 시작되었어. 뉴턴은 프리

즘을 이용해서 햇빛을 연구했지. 프리즘을 통과한 백색의 빛은 여러 가지 색의 빛으로 갈라졌어. 유리로 된 삼각기둥 모양의 프리즘이 렌즈 역할을 한 거야. 빛은 프리즘을 통과하면서 빨강, 주황, 노랑, 초록, 파랑, 남색, 보라의 무지개색 띠를 만들어 냈어. 이것을 보고 뉴턴은 빛이 여러 색의 혼합광이라는 것을 알았어. 이렇게 빛을 여러 색으로 나눠 놓은 것을 스펙트럼 또는 분광(分光)이라고 불렀어.

19세기에 이르러 분광학에서 새로운 발견이 나왔어. 영국의 과학자 윌리엄 울러스턴(1766~1828)은 가늘고 긴 구멍을 이용해서 스펙트럼을 관찰하는 방법을 개발했어. 그는 빛의 스펙트럼을 분석하다가 특이한 현상을 발견했지. 스펙트럼의 일정한 위치에 몇 개의 검은색 줄이 수직으로 나타나는 거야. 이 검은 선은 무엇일까? 몇몇 과학자들이 이 현상에 주목했어.

당시 독일에는 광학 기구를 만드는 유명한 회사가 있었어. 이 회사의 대표 프라운호퍼(1787~1826)는 독학으로 광학 이론을 연구하며 정밀한 광학 기구를 제작했지. 그가 만든 망원 렌즈와 프리즘은 태양 스펙트럼에서 놀라운 것을 보여 주었어. 울러스턴이 발견한 것보다 훨씬 더 많은, 무려 574개나 되는 검은 선이 나타난 거야. 프라운호퍼는 달과 행성, 별에서 날아온 빛도 태양하고 똑같은 방법으로 분석하고는, 검은 선의 위치와 파장을 정확하게 측정해서 그려 놓았어. 이것을 '프라운호퍼선'이라고 부르고 있어.

그런데 프라운호퍼는 자신이 얼마나 중요한 발견을 했는지 몰랐어. 그 검은 선의 정체를 알아낸 사람은 독일 과학자 구스타프 키르히호프(1824~1887)와 로베르트 분젠(1811~1899)이었어. 이들은 금속 원소를 가열하면 고유의 불꽃이 방출된다는 것을 발견했어. 나트륨은 진한 황색, 구리는 선명한 진녹색, 스트론튬은 붉은색 빛을 내는 거야. 분젠은 공기의 양을 조절하는 연소 장치인 분젠 버너를 발명했어. 원소나 화합물의 알갱이를 백금 고리 위에 올려놓고, 이것을 버너의 불꽃에 갖다 대면 불꽃의 색이 변했지. 이

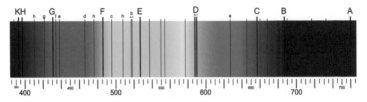

태양 스펙트럼의 가시광선 영역에 표시된 프라운호퍼선.

분젠 버너의 불꽃에 구리를 갖다 대면 불꽃이 녹색으로 변한다(가운데). 왼쪽은 과망가니즈산칼륨, 오른쪽은 염화나트륨.

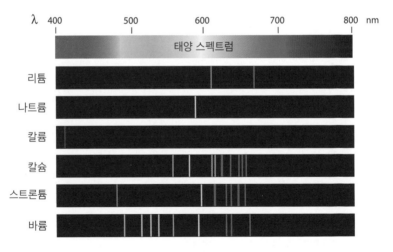

몇 가지 원소의 발광 스펙트럼. 모든 원소는 기화할 때 각각 다른 파장의 빛을 낸다.

렇게 불꽃 반응 실험을 통해 원소의 정체를 알 수 있었어.

1859년 키르히호프와 분젠은 서로 손을 잡고 분광학을 더 발전시켰지. 분젠 버너로 원소를 가열해서 나오는 빛을 프리즘에 통과시켰어. 그랬더니 원소마다 독특한 색과 선의 스펙트럼이 나타나는 거야. 모든 원소는 각각 고유한 파장의 빛을 방출하고 흡수하고 있거든. 이러한 파장의 변화가 스펙트럼에 무늬를 만들었어. 꼭 사람마다 지문이 다른 것처럼 원소들마다 스펙트럼이 달랐어. 스펙트럼에 나타나는 검은 선, 즉 프라운호퍼선은 원소들의 '지문'이었던 거야.

분광학은 물질 속에 어떤 원소가 있는지를 알아보는 데 아주 유용했어. 원자나 분자와 같은 작은 입자들을 눈으로 관찰할 수 있게 해준 거야. 키르히호프와 분젠은 분광기를 이용해서 태양 빛을 분산시켜 스펙트럼을 관찰했단다. 그러고는 놀라운 사실을 발견했어. 태양 스펙트럼에 나타는 검은 선의 위치가 여러 원소에서 방출되는 스펙트럼과 일치했던 거야. 예를 들어 태양 스펙트럼의 노란색 근처에 두 개의 검은 선은 나트륨의 밝은 노란색 선과 똑같은 위치에 있었어. 태양에도 나트륨 원소가 있었던 거지. 이렇게 태양에 있는 원소와 지구에서 관측된 원소를 비교할 수 있게 되었어.

그런데 키르히호프와 분젠은 스펙트럼에 검은 선이 나타나는 이유를 알지는 못했지. 그것은 20세기 양자역학이 등장한 후에야 밝혀져. 하지만 그들의 발견은 19세기 천문학에 일대 사건이었

연속 스펙트럼

흡수 스펙트럼

발광 스펙트럼

수소의 흡수 스펙트럼과 발광 스펙트럼.

어. 이전에는 별이나 행성의 움직임을 관측할 뿐이었는데 이제는 우주 물질의 화학적 성분까지 파악할 수 있게 되었으니까. 망원경에 분광기를 달면 별이나 행성, 은하에서 온 빛이 스펙트럼으로 펼쳐졌어. 분광기는 우주를 구성하는 원소가 무엇인지를 보여 주었지. 머나먼 별과 은하로부터 수억 킬로미터 날아온 빛이 분광기를 거치면서 낯익은 지구의 원소로 바뀌는 거야. 우주를 구성하는 원소는 지구에서 발견된 원소와 같은 것이었어. 아리스토텔레스가 말한 제5원소와 같은 특별한 원소는 없었지. 이렇게 분광학은 원소와 원자의 연구에 실증적인 자료와 아이디어를 제공했단다.

철, 구리, 금, 은은 인류 문명을 바꾼 원소야. 철기 시대나 청동기 시대로 역사를 나누기도 하잖아. 다른 금속 원소로는 아연, 주석, 납, 니켈 등이 있지. 이들 금속 원소는 광택이 나고, 밀도가 높고, 쉽게 그 모양을 변형시킬 수 있어. 전기와 열을 잘 전달하고, 녹는 점과 끓는 점이 아주 높아. 19세기 화학자들은 이러한 성질을 보고 금속 원소를 확인했어. 그러면 금속의 이러한 성질은 우연히 나타난 것일까? 이러한 성질이 나타나는 이유는 무엇일까? 금속 원소 말고도 서로 비슷한 원소들로 분류되는 것은 무엇일까? 원소의 겉모습은 다양했지만 원소를 깊이 들여다보면 원소들 사이에 질서가 있는 듯 보였어. 원소와 화합물이 그냥 아무렇게나 결합되어 있는 것이 아닐 거라고 생각했어.

1829년에 독일의 화학자 되베라이너(1780~1849)는 '세 쌍 원소'를 발견했지. 세 원소를 원자량 순으로 늘어놓으면 어떤 규칙이 있는 거야. 예를 들어 (1. 5. 10)처럼 가운데 원소의 원자량이 앞과 뒤의 원소의 중간값이었어. 칼슘(Ca), 스트론튬(Sr), 바륨(Ba)이 그랬지. 칼슘이 27.5, 스트론튬이 50, 바륨이 72.5의 원자량을 가졌는데 칼슘과 바륨의 원자량을 더한 뒤에 2로 나누면 50이 나와. 그것은 스트론튬의 원자량과 같았어. 되베라이너는 다른 원소들에서도 이런 세 쌍 원소의 관계를 더 발견했어.

〈칼슘(Ca), 스트론튬(Sr), 바륨(Ba)〉

〈리튬(Li), 나트륨(Na), 칼륨(K)〉

〈황(S), 셀레늄(Se), 텔루륨(Te)〉

〈염소(Cl), 브로민(Br), 아이오딘(I)〉

그런데 되베라이너가 알고 있는 원소의 원자량은 틀린 값이었어. 1860년 카를스루에 학회에서 칸니차로가 정확한 원자량을 발표하기 전이었으니까. 되베라이너는 잘못된 원자량을 가지고도 이런 관계를 알아냈지. 자신이 얼마나 대단한 발견을 했는지 몰랐지만 세 쌍 원소는 원자량과 원소 사이에 어떤 관계가 있다는 것을 보여 주었어. 칸니차로가 원소와 원자량 목록을 작성하자, 화학자들은 원소 사이의 관계를 깊게 파고들었어. 이 목록은 가장 가벼운 수소에서 가장 무거운 원소까지 원자량을 기준으로 원소들의 순위를 정확하게 매길 수 있도록 해 주었거든.

1860년대가 되면서 원소의 수수께끼가 서서히 풀렸어. 1864년에 영국의 화학자 존 뉴랜즈(1837~1898)는 '옥타브의 법칙'을 발표했지. 도레미파솔라시도 음계처럼 원소들 사이에 법칙이 있다는 것을 발견한 거야. 뉴랜즈는 원자들을 원자량이 증가하는 순서대로 죽 늘어세웠어. 각 원소에 1, 2, 3,……51까지 번호를 붙여 보았지. 그러고 나서 살펴보니 각 원소가 8번째와 16번째 떨어진 원소와 화학적 성질이 비슷한 거야. 원소들의 성질이 주기적으로 8개마다 반복되고 있었어. 마치 도레미파솔라시도의 음계에서 처음 '도'가 여덟 번째 음정의 '도'로 돌아가듯이 말이야. 원소들의 주기율은 바로 숫자 8이었던 거야! 예를 들어 리튬(Li), 나트륨(Na), 칼륨(K)은 모두 금속이며 반응이 아주 강했어. 이 원소들을 물에 떨어뜨리면 격렬하게 반응이 일어나고 심지어 폭발했지. 그러면 왜 원소들 사이에 주기적 경향성이 나오는 것일까?

러시아의 천재 과학자 멘델레예프는 상트페테르부르크 대학 시절부터 원소 분류에 관심을 가졌어. 졸업 후에 프랑스에 가서 실험 화학을 공부하고, 독일에 가서 분젠에게 분광학을 직접 배웠어. 당시로는 최첨단의 화학 연구를 해 보는 행운을 누렸던 거야. 1860년 카를스루에의 국제 화학 학회에도 참석했지. 멘델레예프는 칸니차로의 소책자를 받아들고 크게 감동했어. 이탈리아 과학자의 선구적인 노력과 열정에 자극을 받고 러시아로 돌아왔단다.

당시 원소는 실험실에서 우연히 발견되는 것으로 생각되었어. 그때까지 63종의 원소가 발견되었는데, 화학자들은 이것이 전부가 아니라는 것은 짐작했지만 원소가 어떤 규칙으로 존재하는지는 알 수 없었어. 멘델레예프는 원소 전체에 대한 구조를 이해한다면 새로운 원소의 발견을 예측할 수 있다고 생각했어. 그는 카드에 각 원소의 성질과 원자량을 하나하나 적었단다. 반응성이 강한지 약한지, 산인지 염기인지, 금속인지 비금속인지, 각각의 카드에 원소에 대한 정보를 기입한 다음에 이리저리 배열해 보았어. 세로 방

물질에 규칙이 있다

원소들은 대체 어떤 규칙으로 존재하는 걸까? 멘델레예프는
원소 전체의 구조를 이해하면 새로운 원소를 예측할 수 있다고
생각하고 원소 전체의 큰 그림, 주기율표를 완성했다.

물질의 원리를 알면
아직 우리가 발견하지 못한 원소의
성질도 예측할 수 있지.

멘델레예프

¹── 원자 번호
H── 원소 기호

■ 알칼리 금속	■ 알칼리 토금속	■ 반금속	■ 비활성 기체
□ 전이 금속	■ 전이후 금속	■ 다원자 비금속	
■ 란타넘 족	■ 악티늄 족	이원자 비금속	

1																	18
¹ **H**	2											13	14	15	16	17	² **He**
³ **Li**	⁴ **Be**											⁵ **B**	⁶ **C**	⁷ **N**	⁸ **O**	⁹ **F**	¹⁰ **Ne**
¹¹ **Na**	¹² **Mg**	3	4	5	6	7	8	9	10	11	12	¹³ **Al**	¹⁴ **Si**	¹⁵ **P**	¹⁶ **S**	¹⁷ **Cl**	¹⁸ **Ar**
¹⁹ **K**	²⁰ **Ca**	²¹ **Sc**	²² **Ti**	²³ **V**	²⁴ **Cr**	²⁵ **Mn**	²⁶ **Fe**	²⁷ **Co**	²⁸ **Ni**	²⁹ **Cu**	³⁰ **Zn**	³¹ **Ga**	³² **Ge**	³³ **As**	³⁴ **Se**	³⁵ **Br**	³⁶ **Kr**
³⁷ **Rb**	³⁸ **Sr**	³⁹ **Y**	⁴⁰ **Zr**	⁴¹ **Nb**	⁴² **Mo**	⁴³ **Tc**	⁴⁴ **Ru**	⁴⁵ **Rh**	⁴⁶ **Pd**	⁴⁷ **Ag**	⁴⁸ **Cd**	⁴⁹ **In**	⁵⁰ **Sn**	⁵¹ **Sb**	⁵² **Te**	⁵³ **I**	⁵⁴ **Xe**
⁵⁵ **Cs**	⁵⁶ **Ba**	57 - 71	⁷² **Hf**	⁷³ **Ta**	⁷⁴ **W**	⁷⁵ **Re**	⁷⁶ **Os**	⁷⁷ **Ir**	⁷⁸ **Pt**	⁷⁹ **Au**	⁸⁰ **Hg**	⁸¹ **Tl**	⁸² **Pb**	⁸³ **Bi**	⁸⁴ **Po**	⁸⁵ **At**	⁸⁶ **Rn**
⁸⁷ **Fr**	⁸⁸ **Ra**	89 - 103	¹⁰⁴ **Rf**	¹⁰⁵ **Db**	¹⁰⁶ **Sg**	¹⁰⁷ **Bh**	¹⁰⁸ **Hs**	¹⁰⁹ **Mt**	¹¹⁰ **Ds**	¹¹¹ **Rg**	¹¹² **Cn**	¹¹³ **Nh**	¹¹⁴ **Fl**	¹¹⁵ **Mc**	¹¹⁶ **Lv**	¹¹⁷ **Ts**	¹¹⁸ **Og**

⁵⁷ **La**	⁵⁸ **Ce**	⁵⁹ **Pr**	⁶⁰ **Nd**	⁶¹ **Pm**	⁶² **Sm**	⁶³ **Eu**	⁶⁴ **Gd**	⁶⁵ **Tb**	⁶⁶ **Dy**	⁶⁷ **Ho**	⁶⁸ **Er**	⁶⁹ **Tm**	⁷⁰ **Yb**	⁷¹ **Lu**
⁸⁹ **Ac**	⁹⁰ **Th**	⁹¹ **Pa**	⁹² **U**	⁹³ **Np**	⁹⁴ **Pu**	⁹⁵ **Am**	⁹⁶ **Cm**	⁹⁷ **Bk**	⁹⁸ **Cf**	⁹⁹ **Es**	¹⁰⁰ **Fm**	¹⁰¹ **Md**	¹⁰² **No**	¹⁰³ **Lr**

향으로 원소의 원자량이 가벼운 것에서 무거운 것으로 나열해 보고, 가로방향으로 화학적 성질이 비슷한 원소들을 놓았지. 수많은 방식으로 배열하다 보니 뉴랜즈가 발견한 8을 주기로 똑같은 성질이 반복되는 것을 확인할 수 있었어. 하지만 그것은 주기율의 규칙 중 하나였을 뿐이었지.

멘델레예프는 원소의 모든 것을 아우르는 큰 그림을 그렸어. 1869년 2월에 정확한 계산과 직감, 대담한 통찰과 분석을 넘나들면서 주기율표를 완성했단다. 그의 주기율표를 보고 다른 화학자들은 깜짝 놀랐지. 주기율표에 빈칸이 듬성듬성 남아 있었고, 기존에 알려진 몇몇 원소의 원자량을 수정하고 재배치해 놓았던 거야. 그는 다른 화학자들이 보지 못한 것을 보았어. 빈칸으로 남겨둔 자리에 새로운 원소가 발견될 것이라고 자신 있게 말했지. 그리고 그 원소의 원자량과 화학적 성질까지 예상했어. 그 후에 멘델레예프가 예측한 갈륨(Ga), 스칸듐(Sc), 저마늄(Ge)이 발견되자, 주기율표의 지위는 확고해졌지.

멘델레예프의 주기율표가 위대하다고 칭송받는 것은 바로 그 점 때문이야. 원소의 속성을 추론해서 예측한 것이지. 주기율표에서 그 원소가 어디에 위치하는지를 알면 그 화학적 성질과 특징을 단박에 파악할 수 있어. 주기율표는 각 원소가 무엇인지, 그 원소가 어떻게 결합하고 행동하는지 등등 모든 정보를 한눈에 보여주는 암호판이란다. 아마 주기율표를 처음 봤을 때 화학자들은 전율을 느끼고 "왜 진작 이걸 몰랐을까?" 한탄했을 거야. 단순한 것 같지만 그 안에 물질을 이해하는 열쇠가 들어 있으니까.

3. 원자를 쪼개다

당신이 원자를 본 적이 있어?

멘델레예프의 주기율표는 완성된 것일까? 그렇지 않지. 세상에 얼마나 많은 원소가 있을까? 그거야 누구도 모르지. 그러면 주기율표의 형태는 무엇이 결정한 거지? 주기율표를 지배하는 숫자는 왜 8일까? 7이나 9가 아니고 8인 이유는 무엇일까? 새로운 원소가 발견되면서 주기율표에 대한 궁금증은 더욱 커져 갔어. 특히 방사능 원소가 발견되었잖아. 우라늄이나 라듐과 같이 원자량이 큰 원소는 스스로 붕괴되면서 빛(에너지)를 방출했어. 방사능 원소가 왜 이러는지, 과학자들은 짐작조차 할 수 없었어. '원소를 구성하는 원자가 쪼개지는 것이 아닐까' 의심이 되었지만 아직 원자가 있는지조차 알 수 없었거든.

한편 물리학자들은 화학자들하고 다른 방식으로 원자를 연구했어. 오스트리아의 물리학자 루드비히 볼츠만(1844~1906)이 열역학에서 원자들의 운동을 다뤘지. 뜨거운 열이 생기는 현상을 무수히 많은 원자들의 운동으로 본 거야. 기체 운동론이라고 하는데 통계적인 방법으로 원자들의 운동을 설명했어. 볼츠만에게 원자는 매우 중요한 개념이었어. 그는 원자가 실제로 존재한다고 믿고 통계역학을 만들었지. 그런데 볼츠만의 통계역학을 반대하는 과학자들이 많았어. 오스트리아의 물리학자이며 철학자인 에른스트 마흐(1838~1916)는 원자의 존재를 부정했지. 실험적으로 증명할 수 없으니 원자는 없는 거나 마찬가지라는 거야. "당신이 원자를 본 적이 있어?" 마흐는 이렇게 볼츠만을 몰아세웠어.

볼츠만이 죽기 1년 전, 원자의 존재는 수면 위로 떠올랐어. 1905년 아인슈타인이 원자의 존재를 이론적으로 증명할 수 있는 방법을 찾았거든. 원자와 분자는 너무 작아서 볼 수 없으니까, 현미경으로 관찰할 수 있는 입자를 가지고 원자와 분자의 운동을 추론한 거야. 원자가 이리저리 움직이는 것을 예측할 수 있다면 원자가 있다는 것을 증명하는 셈이지. 아인슈타인은 1827년 영국의 식물학자 로버트 브라운(1773~1858)이 발견한 브라운 운동에 주목했어. 브라운 운동은 물 위에 떠 있는 꽃가루 입자와 같은 미세 입자들이 액체 속에서 지그재그로 마구 움직이는 현상을 말해. 왜 이렇

게 꽃가루가 움직이는 것일까? 꽃가루가 살아 있는 것일까? 오랫동안 브라운 운동의 원인은 밝혀지지 않았어.

아인슈타인은 꽃가루 입자가 움직이는 원인을 물 분자의 운동에서 찾았어. 아인슈타인은 빠르게 운동하는 물 분자들이 커다란 꽃가루 입자들을 마구 때리는 모습을 상상했어. 물 분자들이 사방에서 꽃가루에 부딪히지만 그 숫자는 같지 않을 거야. 만약 모든 면에서 부딪히는 물 분자의 수가 같다면 꽃가루는 제자리에 있을 테니까.

꽃가루는 한 방향에서 부딪히는 물 분자의 수가 다른 방향으로 부딪히는 물 분자의 수보다 많을 때 움직였어. 아인슈타인은 통계 기법으로 물 분자의 운동 방정식을 만들고, 자신의 논문에서 이렇게 말해. "열의 분자 운동론에 의거해, 액체 위에 떠 있는 현미경으로 관찰 가능한 입자가 분자들의 열운동으로 인해 현미경으로 관찰 가능한 크기의 운동을 할 수 있다는 것을 보여 줄 것이다."

1908년, 프랑스의 물리학자 장 페랭(1870~1942)은 실험을 통해 아인슈타인의 이론을 검증했어. 현미경으로 콜로이드 용액 위에 떠 있는 자황 가루가 브라운 운동을 하는 것을 관측했단다. 눈에 보이는 자황 가루를 통해 눈에 보이지 않는 물 분자의 움직임을 추적할 수 있었지. 아인슈타인이 만든 공식이 정확하게 들어맞았어. 실제로 브라운 입자들이 움직이는 거리를 측정해서 1세제곱센티미터 속에 들어 있는 물 분자의 수를 계산해 낼 수 있었어. 페랭의 실험 이후 과학자들은 더 이상 원자와 분자의 실체를 의심하지 않게 되었어. 데모크리토스와 돌턴의 원자설이 드디어 인정받게 된 거야.

원자의 존재가 드러나자, 본격적으로 원자에 대한 연구가 시작되었어. 유리관 양쪽에 전극을 달아 전기를 통하면 유리관이 형광색으로 변하는 거야. 과학자들은 이것을 무척 신기하게 생각했어. 유리관 안의 기체는 전기적으로 중성이라 전기가 흐르지 않는 줄 알았거든. 그런데 유리관에서 빛이 난 것은 기체가 절연성을 잃고 전기가 흐르는 방전이 일어난 거니까. 기체 방전이 음극에서 일어났기 때문에 이 현상을 '음극선'이라고 불렀어. 음극선관은 우리가 사용하는 형광등을 생각하면 돼. 가는 유리관 양쪽을 막고 배터리를 연결하면 형광의 불빛이 나잖아.

물리학자들 사이에 음극선은 호기심의 대상이었어. 도대체 음극선은 뭘까? 전기를 전달하는 것 같은데 전자기파(파동)일까? 아니면 작은 알갱이(입자)일까? 파동과 입자는 움직이는 방식에 차이가 있거든. 입자는 자신이 직접 움직여서 앞으로 나가지만 파동은 매질의 움직임에 따라 에너지만 전달하잖아. 영국의 물리학자 조지프 존 톰슨(1856~1940)은 음극선이 파동인지 입자인지를 밝히려고 했어. 1897년에 톰슨은 음극선관을 완전히 진공 상태로 만들고 음극선을 휘어지게 하는 데 성공했단다. 진공의 매질이 없는 상태에서 휘어지는 음극선은 입자인 것이 분명했지. 파동이면 매질이 있어야 하니까.

톰슨은 여기서 멈추지 않고 계속 실험을 해 보았어. 음극선을 음전하의 작은 입자라고 보고, 전하량과 질량을 측정한 거야. 질량이 수소 원자보다 1000배나 더 가볍다는 것을 알았지. 음극선관 안에 기체를 넣어 실험을 하기도 했는데 음극선은 변함이 없었어. 물질에 따라 달라지지 않았던 거야. 속도를 측정해 보았는데 빛의 속도보다 훨씬 느렸어. 그렇다는 것은 음극선이 전자기파가

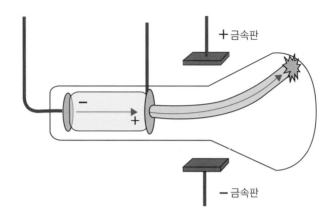

+ 금속판

- 금속판

진공인 전기장에서 휘어지는 음극선은 입자임을 나타낸다. 이 입자의 정체는 지금 우리가 전자라고 부르는 것이다.

아니라는 뜻이지. 이 모든 실험 결과를 종합해 볼 때 음극선은 원자보다 아주 작은, 새로운 입자였어. 톰슨은 이 입자를 '미립자'라고 불렀는데 지금 우리는 이 입자를 '전자'로 알고 있어.

원자보다 더 작은 입자가 발견된 거야. 전자는 원자 밖에도 있고 원자 안에도 있으면서 전기를 만드는 입자로 밝혀졌어. 전기는 이러한 전자들의 흐름이었지. 톰슨은 새로운 원자의 모형을 구상했어. 원자는 전기적으로 중성이니까 원자 속에는 음전하를 띤 전자와 양전하가 함께 있어야 해. 톰슨은 원자를 건포도가 들어 있는 둥근 빵 모양으로 상상했어. 양전하를 띤 빵에 음전하를 띤 전자가 건포도처럼 콕콕 박혀 있다고 말이야. 이렇게 전자의 발견은

통통한 과학책 2

원자의 내부 세계로 가는 길을 열어 주었어.

알파 입자의 산란 현상은 악마 같다

방사능 원소가 발견되었을 때 과학자들은 방사능이 무엇인지 정말 궁금했어. 우라늄과 같은 방사능 원소에서 나오는 방사선은 일종의 에너지인데 그 에너지의 정체를 알 수 없었지. 왜 방사선이 나오는 것일까? 원자가 깨지는 것일까? 원자의 내부는 어떻게 생겼을까? 원자 안에서 무슨 일이 일어나는 것일까? 톰슨의 제자였던 어니스트 러더퍼드(1871~1937)는 원자 내부에서 나오는 방사선부터 알아보기로 했어.

우라늄 주위를 알루미늄 막으로 덮고 그 막을 뚫고 나오는 방사선의 양을 잰 거야. 한 겹 쌓고, 두 겹 쌓고 계속 막을 쌓아 가면서 방사선의 세기를 측정했지. 세 겹이 되었을 때 방사선의 세기가 눈에 띄게 감소하더니 더 이상 줄어들지 않았어. 그러다 알루미늄을 수십 겹 쌓으니까 방사선의 투과를 막을 수 있었지. 이 실험 결과를 가지고 러더퍼드는 우라늄의 방사선이 두 종류라고 결론 지었어. 그리스 문자의 첫 두 글자를 따와서 투과성이 약한 것에 '알파선', 강한 것에 '베타선'이라고 이름 붙였지. 나중에 라듐에서 나오는 세 종류의 방사선을 확인하고는 알파선, 베타선, 감마선이라고 했어.

러더퍼드는 알파선과 베타선이 X선과 같은 '선'이 아니라는 것을 금방 알아챘어. 베타선은 톰슨이 발견한 전자였지. 베타선이 아니라 베타 입자, 알파선이 아니라 알파 입자였던 거야. 그럼 알파 입자는 무엇일까? 러더퍼드는 알파 입자의 질량이 헬륨 원자와 비슷하다는 것에 주목했어. 몇 차례의 실험을 통해 알파 입자가 헬륨에서 전자를 떼어 낸 헬륨 이온이라는 것을 확인했지. 그래도 풀리지 않은 의문이 있었어. 헬륨 이온이 우라늄 원자 속에서 뭘 하고 있는 거지? 혹시 우라늄 원자 덩어리에서 헬륨이 뜯겨져 나온 것은 아닐까? 러더퍼드는 알파 입자를 물질 속에 통과시켜 보기로 했어. 물질을 이루는 원자의 내부가 어떤 모양인지 알기 위해 알파 입자를 쏘아 본 거야.

톰슨은 원자가 건포도가 박힌 빵처럼 생겼다고 했잖아. 양전하는 원자 내부에 퍼져 있고, 음전하의 전자가 박혀 있다고 생각했지. 이런 원자 모형에 알파 입자를 충돌시키면 어떤 일이 일어날까? 러더퍼드는 톰슨의 원자를 검증하고 싶어서 다음과 같은 실험 장치를 만들었어. 작은 금속 상자에 라듐을 담아 놓고 알파 입자를 방출시켰지. 라듐은 강한 방사능 원소이기 때문에 거의 연속적으로 알파 입자를 쏘아 댔거든. 둘레에 황화아연으로 칠해진 스크린을 쳐서 알파 입자가 부딪히면 불꽃이 발생하도록 했지. 현미경으로 불꽃의 위치를 확인할 수 있도록 말이야. 가운데는 얇은 금속 막을 끼워 놓았어. 알파 입자 대부분은 막을 뚫고 똑바로 직진하는 듯했어. 그런데 아주 가끔 튕겨져 나오는 거야. 이것을 '산란'이라고 하는데 알파 입자는 뭔가에 충돌해서 운동 방향을 바꾸고 튕겨져 나왔어.

가운데 금속 막을 두꺼운 것으로 바꾸었더니 알파 입자가 더 튀어 나오는 거야. 금처럼 무거운 원소로 된 막은 알루미늄처럼 가벼운 원소로 된 막보다 더 많이 산란되었지. 러더퍼드는 이 산란 현상을 어떻게 설명해야 할지 도무지 알 수가 없었어. 알파 입자는 라듐에서 나올 때 초속 2킬로미터라는 어마어마한 속도를 가지거든. 양전하의 알파 입자가 부딪혀서 튀어 나올 정도라면 부딪히는 대상이 알파 입자보다 훨씬 더 무거운 양전하의 입자여야 해. 러더퍼드는 이 실험 결과에 어리둥절했어. 눈으로 직접 보면서도 믿기 어려웠으니까. 마치 종이에 대고 대포를 쐈는데 대포가 되돌아와 자신을 때린 것처럼 황당했지.

그런데 도로 튕겨져 나오는 알파 입자는 약 1만 개 중 하나에 불과했어. 각도가 크게 산란하는 입자가 아주 드물었다는 거지. 톰슨의 말대로 원자의 양전하가 원자 전반에 균일하게 분포되었다면 이런 일이 벌어지지 않았을 거야. 1906년에 시작한 알파 입자의 산란 실험은 러더퍼드를 몹시 괴롭혔어. "산란 현상은 악마 같다"고 편지에 쓸 정도였지. 1910년 말이 되어서 새로운 돌파구를 찾았어. 러더퍼드는 톰슨의 원자 모형을 폐기하고 원자의 중심에 핵이 있다는 생각을 해냈어. 원자의 모든 양전하와 질량을 뭉쳐놓은, 단

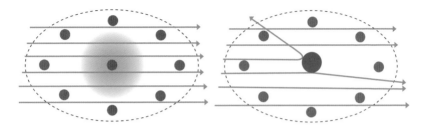

톰슨의 원자 모형과 러더퍼드의 원자 모형. 알파 입자의 산란으로 원자핵의 실제기 입증되었다.

단하고 작은 핵이 있어야 알파 입자의 산란을 설명할 수 있으니까. 러더퍼드는 원자 중심에 핵이 있고 주위에 가벼운 전자가 돌고 있다는 새로운 원자 모형을 제시했어.

　　원자는 우리가 상식적으로 생각할 수 없는, 이상한 것이었어. 러더퍼드는 원자가 태양계만큼이나 빈 공간이 많을 거라고 생각했어. 거의 텅텅 비어 있다는 거지. 원자 하나를 축구장 크기로 부풀린다면 중심에 있는 원자핵은 파리만큼 작을 것이고, 전자는 그것보다 훨씬 작은 먼지만 하다는 거야. 그런데 원자의 질량 중 대부분은 그 자그만 핵에 집중되어 있어. 원자핵은 원자 전체 크기의 1만분의 1에 해당하지만 핵의 질량은 원자 전체 질량의 99퍼센트 이상을 차지하고 있으니까. 러더퍼드는 1911년에 이 내용을 정리해서 논문「물질에 의한 알파와 베타 입자들의 산란과 원자의 구조」를 발표했어.

방사능은 원소 변환이다

러더퍼드가 원자핵을 발견한 것은 굉장히 중요한 사실을 알려 주었어. 우라늄이나 라듐에서 나오는 방사선이 원자핵의 일부였다는 거야. 우라늄이 붕괴하면서 나온 알파 입자가 헬륨 원자핵이잖아. 방사선을 낸다는 것은 원자핵이 붕괴하면서 다른 원소로 변하는 거지. 가령 우라늄이 납으로 바뀌는 거야. 아주 놀라운 일이지. 오래전 중세 연금술사들이 하고 싶었던 일이 바로 이거였거든. 원소 변환! 연금술사들은 납을 금으로 바꾸려고 했잖아. 납에 뭔가 다른 원소를 첨가해서 끓이고 태우고 했지만 그런 방법으로는 원소를 바꿀 수 없었어. 원자핵을 깨뜨려야 원소가 바뀌는데 연금술사들은 원자핵을 건드리지 못한 거지.

수천 년 동안 봉인되었던 물질의 비밀이 풀렸어. 러더퍼드는 방사능 원소가 원자핵에서 알파 입자를 내놓고 다른 원소로 변한다는 것을 밝혀낸 거야. 또 방사능 원소가 반으로 붕괴하는 데 걸리는 시간이 일정하다는 것을 발견했어. 이 시간을 '반감기'라고 해. 방사능 원소는 일정한 속도로 붕괴가 일어나면서 다른 원소로 변하거든. 이러한 방사능 원소의 '반감기'는 시계 역할을 하는 거야. 과거에 사용했던 물시계나 촛불 시계와 같은 원리라고 할 수 있어. 물시계는 바닥에 구멍이 뚫린 용기에 물을 담아서 떨어지는 물의 양을 측정하잖아. 물이 얼마나 빠져나갔는지를 보고 하루가 얼마나 지났는지 알 수 있지. 촛불 시계도 마찬가지야. 촛불이 정해진 속도로 타니까 초가 얼마나 남았는지를 보고 시간을 측정할 수 있어.

예를 들어 우라늄238은 납206으로 붕괴해. 과학자들은 원자들이 붕괴하는 속도를 재서, 그것으로부터 반감기를 계산할 수 있었어. 우라늄의 절반이 납으로 변하는 시간이 45억 년 걸린다는 것을 알아냈지. 이 사실을 가지고 암석의 나이를 계산할 수 있었어. 암석 속에 납이 얼마나 있는지 측정하고, 그것을 우라늄의 양과 비교하는 거야. 만약 납이 전혀 없고 우라늄만 있으면 시간이 얼마 되지 않았다고 짐작할 수 있지.

이러한 러더퍼드의 방사능 시계는 오랫동안 논쟁거리였던 지구의 나이를 아는 데 결정적인 역할을 했어. 켈빈 경은 지구 나이가 기껏해야 2000만 년이라고 했거든. 2000만 년은 다윈이 주장하는 생물종의 진화가 일어나기에 너무나 짧은 시간이었어. 1904년 러더퍼드는 왕립 연구소에서 방사능 원소의 반감기에 대해 발표했어. 그리고 퀴리 부부의 역청 우라늄석을 분석해서 이 암석의 나이가 7억 년은 되었다고 밝혔지. 결국 켈빈 경이 주장한 2000만 년이 잘못되었다는 것을 증명한 셈이야.

1908년 러더퍼드는 노벨 화학상을 받았어. 그의 업적은 방사능 원소의 붕괴를 밝혀낸 것이었어. 수상 연설에서 "방사성 물질에서 나오는 알파 입자의 화학적 본성"에 대해 이야기했지. 그는 알파 입자로 실험하는 것을 좋아했어. 빠르고 단단한 알파 입자를 자신의 오른팔이라고 불렀지. 알파 입자로 원자핵을 발견한 이후에도 그의 실험은 계속되었어. 다음에는 무엇을 발견했을까? 1914년에 러더퍼드는 수소 원자핵이 양전하를 가진 입자 중에서 가장 작다는 것을 발견했어. 이러한 수소 원자핵에 그리스어로 '첫 번째'라는 뜻을 가진 'proton'(양성자)이라는 이름을 붙였지. 그러고 나서 1919년에 알파 입자를 질소 기체로 가득 채운 유리관에 발사하는 실험을 했어. 신기하게도 검출기에 수소 원자핵이 나타난 거야. 유리관에 수소가 전혀 없었는데 말이지. 수소 원자는 어디서 나온 것일까?

그다음 날 신문에는 "원자를 쪼갰다"는 기사가 대서특필되었지. 러더퍼드가 질소 원자핵을 쪼개서 수소 원자핵을 얻어 낸 거야. 질소 원자핵 속에는 수소 원자핵이 들어 있었거든. 이 실험을 통해 러더퍼드는 수소 원자핵이 모든 원자핵을 구성하는 기본 입자라는 것을 보여 주었어. 모든 원자의 원자핵 속에는 수소 원자핵, 즉 양성자가 들어 있었던 거야. 수소의 원자핵에는 양성자 한 개, 헬륨의 원자핵에는 양성자가 두 개고, 리튬의 원자핵에는 양성자가 세 개…… 이렇게 말이지. 이 실험을 한 후에 러더퍼드는 원자핵 속의 양성자의 수와 원자핵 바깥의 전자의 수가 똑같다는 것을 알아냈어. 양성자와 전자의 수가 일치한다는 거야. 이것은 양성자와 전자에 각각 있는 양전하와 음전하의 양이 같다는 것을 의미

원자보다 더 작은 입자

원자의 존재가 드러나자 과학자들은 원자의 실체에 접근하려고
애썼다. 음극선관 실험으로 원자보다 작은 새로운 입자, 곧 전자의
존재를 확인한 톰슨은 원자를 건포도가 박힌 빵 모양으로
상상했다. 그 뒤 러더퍼드는 알파 입자(헬륨 이온)를 원자에 쏘아
원자핵이 있음을 알아냈고 모즐리는 양성자의 개수로 원소들을
정리했다.

음극선은 원자보다 작은
새로운 입자였어

조지프 존 톰슨

원자의 중심에 단단하고
작은 핵이 있어. 방사능 원소는
원자핵에서 알파 입자를 내놓고
다른 원소로 변하는 거야.

어니스트 러더퍼드

헨리 모즐리

양성자의 개수로 원자 번호를
매기니까 모든 원소들이 차례로
정리되었어.

하지. 그래서 원자가 전기적으로 중성을 띠고 있었어.

양성자의 발견은 원자의 구조에서 중요한 실마리를 제공했어. 사실 멘델레예프와 같은 화학자들은 모든 원소가 엄격하게 개별적인 존재라고 믿었지. 한 원소가 다른 원소로 바뀌는 것은 상상조차 하지 못했어. 원소 변환은 화학적 사고 범위를 넘어서는 현상이기 때문이야. 화학적으로 어떤 수단과 방법을 동원하더라도 원소의 본질을 바꿀 수는 없었거든. 그런데 방사능 원소는 자신의 양성자 수를 변화시키고, 다른 원소의 원자핵이 되었지. 알파 입자를 내놓는 알파 붕괴는 주기율표에서 두 칸 앞에 있는 더 가벼운 원소로 바뀌는 것이었어.

헨리 모즐리의 원자 번호

물리학자들은 화학자들이 보지 못한 원자의 세계에 깊숙이 들어갔어. 화학자들이 작성한 주기율표에 문제를 제기한 거야. 주기율표는 원자의 원자량을 기준으로 삼고 있잖아. 원자의 질량이 원소의 본성을 결정하는 것일까? 러더퍼드는 원자 산란 실험에서 원자핵의 전하가 그 원자량의 절반이라는 사실을 얻었어. 원자핵은 양전하를 갖고 있고, 양성자의 수가 원자핵의 전하를 결정해. 러더퍼드의 연구실에 있던 젊은 물리학자 헨리 모즐리(1887~1915)는 원자의 성질을 결정하는 새로운 대안을 찾았어. 원자의 질량보다는 원자핵의 전하, 즉 양성자의 수가 더 중요한 기준이 된다는 거야.

1913년에 모즐리는 각 원소에 음극선(전자 빔)을 쪼여 전자기파 X선을 방출시키는 실험을 했어. 원소는 에너지를 받으면 전자가 진동하면서 X선 스펙트럼을 만들어 내거든. 이것을 체계적으로 조사했더니 각 원소의 고유 X선 진동수의 제곱근과 양성자의 수가 서로 비례 관계를 보이는 거야. 그때까지 주기율표에서 원자의 순서를 나타내는 원자 번호를 원자량으로 했는데 모즐리는 양성자의 개수로 원자 번호를 바꾸었어. 그랬더니 놀랍게도 주기율표가 원소들의 출석부처럼 정리되었어. 1번 수소, 2번 헬륨, 3번 리튬…… 92번 우라늄까지. 그래프에서 빈틈은 아직 발견되지 않은 원소의 자리로 남겨 두었어.

모즐리 덕분에 원자 번호의 진정한 의미를 찾은 거야. 원자 번호는 그저 원자량에 따라 나열된 원소의 순서를 뜻하는 것이 아니었어. 양성자의 개수인 원자 번호는 원소의 화학적 신분증명서와 같았지. 예를 들어 철의 번호는 영원히 26번이야. 철이 아닌 다른 물질이 되지 않는 한, 이 원자 번호는 변하지 않아. 마찬가지로 납은 좋든 싫든 82번 원소야. 그런데 납에는 원자량이 다른 원소가 여러 개 있었어. 러더퍼드의 제자 프레더릭 소디(1877~1956)는 원자량이 다른 납과 '방사성 납'을 화학적으로 분리하려고 시도했어. 20가지 화학적 방법을 동원했지만 끝내 분리할 수가 없었어. 양성자 개수가 같으면 동일한 원소였던 거야. 그래서 양성자의 개수는 같고 원자량이 다른 원소를 '동위 원소'라고 불렀어.

동위 원소(isotope)는 그리스어로 '같다'(iso)와 '장소'(topos)의 합성어야. 원자량은 다른데 주기율표에서 같은 장소를 차지하고 있다는 뜻이지. 동위 원소의 발견은 원자량보다 원자 번호가 원소의 정체성을 결정한다는 것을 확인해 주었어. 특히 방사능 원소는 붕괴되기 때문에 동위 원소를 많이 가지고 있거든. 우라늄은 무려 200가지가 넘는 동위 원소가 있어. 이러한 방사성 동위 원소를 이용해서 연대를 측정하는 법이 개발되었지. 탄소의 동위 원소인 탄소-14가 '방사성 탄소 연대 측정법'에 쓰이는 대표적인 원소야. 탄소는 생물에 풍부하게 들어 있어서 물질의 나이를 알려 주는 천연 시계 역할을 하고 있어.

원자의 질량은 양성자보다 무겁잖아. 원자핵에는 양성자 말고도 다른 입자가 숨어 있었지. 러더퍼드의 제자인 제임스 채드윅(1891~1974)은 원자핵 속에서 중성자를 발견했어. 중성자는 전기적으로 중성을 띠고 있고 양성자와 결합해서 원자핵을 이루고 있었어. 1932년에 채드윅의 중성자 발견으로 원자핵에 관한 의문이 거의 풀렸어. 알파 입자인 헬륨 원자핵은 양성자 두 개와 중성자 두 개로 이뤄진 것이고, 동위 원소는 양성자 개수는 같은데 중성자 개수가 다른 원소였던 거야. 그래서 양성자와 중성자를 합한 원자량이 달랐던 거지.

원자 내부의 원자핵이 밝혀지면서 우리는 많은 사실을 알게 되었어. 방사능은 원자핵이 쪼개지는 과정이고, 원소 변환도 핵에서 벌어지는 현상이야. 원자 번호는 원소의 화학적 성질을 결정하는 핵의 속성이고, 동위 원소는 한 원소에서 질량이 서로 다른 원소들이지. 그 질량이란 중성자 개수의 차이에서 생기는 것으로 전적으로 핵의 질량이었어. 이제 주기율표에 나오는 1부터 118까지의 원자 번호가 무엇을 뜻하는지 쉽게 이해할 수 있을 거야.

이상하고 요상한 양자의 세계

원자핵, 그다음은 전자에 대해 알아볼 차례야. 러더퍼드의 원자 모형에서 원자의 중심에 핵이 있다면 양전하의 핵과 음전하의 전자가 서로 끌어당겨서 붙어 버릴 텐데 전자는 어떻게 있는 것일까? 러더퍼드는 태양계처럼 핵 주위를 전자가 돌고 있다고 했어. 전자가 빠른 속도로 돌고 있기 때문에 원심력이 작용해서 핵으로 빨려들어 가지 않는다고 생각한 거지. 태양계에서 지구가 궤도를 유지하면서 도는 것처럼 말이야. 그럴듯한 생각이었어.

덴마크의 물리학자 닐스 보어(1885~1962)는 러더퍼드의 연구실에서 와서 원자를 연구했어. 러더퍼드의 원자 모형을 검토하다가 문제가 있다는 것을 발견했어. 전자가 핵 주위를 돌면 빛을 방출하거든. 전자는 전기를 띤 입자이기 때문에 빠르게 회전 운동을 하면 전기장을 만들고 전자기파를 내놓게 돼. 빛은 전자기파고 에너지잖아. 전자는 돌면서 점점 에너지를 잃어버릴 거야. 결국에는 원자핵과 부딪힐 수밖에 없어.

러더퍼드의 모형은 원자의 내부를 설명할 수 없었어. 보어는 새로운 원자 모형이 필요하다고 생각했지. 문제는 원자가 아주 아주 작은 세계라는 거야. 우리의 상식에 어긋나는 현상이 많이 일어났어. 뉴턴의 고전역학이나 맥스웰의 전자기학으로는 설명할 수 없었어. 보어는 1900년에 독일의 물리학자 막스 플랑크가 주창한 '양자 가설'을 받아들였어. 양자 가설은 에너지가 연속적으로 나오는 것이 아니라 '양자'라는 단위로 흡수, 방출된다는 거야. 에너지나 입자가 덩어리져 있는 것을 보고 '양자화'라고 해. 원자에 있는 양성자, 중성자, 전자가 모두 '양자'의 형태로 있다는 거야.

사실 20세기 양자역학은 물리학자들을 혼란에 빠뜨렸어. 빛이나 에너지는 연속적인 흐름처럼 보이잖아. 그런데 이것이 뚝뚝 끊어지고 뭉쳐서 돌아다닌다는 거야. 어떤 때는 파동이었다가 어떤 때는 입자처럼 행동한다는 거지. 빛을 파동으로 볼 때는 전자기파라고 하고, 입자로 볼 때는 광자라고 하잖아. 이렇게 빛이 파동이면서 동시에 입자라는 것은 물리학적으로 말이 안 되거든. 그런데 원자의 세계는 양자의 관점으로 봐야 설명할 수 있었어.

1913년에 보어는 양자역학을 도입해서 새로운 원자 모형을 제시했어. 원자는 원자핵을 중심으로 높은 에너지와 낮은 에너지의 차이가 있는 전자껍질로 이뤄져 있다는 거야. 전자는 안쪽에 에너지가 낮은 껍질부터 채워 나가고, 그 껍질 위에서만 움직일 수 있어. 이 원자 모형의 핵심은 전자가 놓일 자리가 이미 정해져 있다는 것과 전자의 궤도가 불연속적이라는 거야. 전자가 핵과 충돌하지 않으려면 에너지가 다른 불연속적인 궤도가 있어야 하거든. 원자가 빛을 흡수하면 전자는 에너지가 더 높은 껍질로 점프해서 올라가. 이것을 '양자 도약'이라고 해. 갑자기 전자가 쓱 사라졌다가 불쑥 나타나듯이 움직이는 거야. 전자가 굉장히 수상적게 행동하는 것처럼 보이지. 이렇게 전자가 높은 에너지 껍질로 도약해서 '들뜬' 상태로 있으면 물리적으로 불안정하기 때문에 이 상태에 오래 머물지 못해. 전자는 곧바로 빛을 방출하면서 낮은 에너지 상태로 돌아온다는 거야.

보어가 이러한 원자 모형을 만든 것은 분광학 덕분이었어. 키르히호프와 분젠은 원소마다 고유한 선 스펙트럼을 갖는다는 것을 발견했잖아. 선 스펙트럼에 있는 검은 선은 원소마다 달랐어. 이것은 원소의 원자가 특정한 파장의 빛만을 흡수하고 방출한다는 뜻이지. 수소 원자의 선 스펙트럼을 봐. 흡수 스펙트럼과 발광 스펙트럼이 똑같잖아.

보어는 이러한 수소의 선 스펙트럼을 가지고 원자 모형을 만들었어. 수소의 선 스펙트럼은 전자가 빛을 흡수하거나 방출할 때 전자껍질을 건너뛰는 흔적이었던 거야. 보어는 수소 스펙트럼

통통한 과학책 2

에서 방출하거나 흡수될 때 나오는 빛 에너지를 계산했어. 그리고 전자껍질 사이의 에너지의 차이와 정확히 일치한다는 것을 보여 주었단다.

그러고 나서 보어는 전자껍질에 들어갈 수 있는 전자의 수를 밝혔어. 가장 안쪽으로부터 양자수 n에 따라 껍질의 이름을 K, L, M, N, ……으로 불렀는데 각 껍질에 들어가는 전자의 수가 2, 8, 8, 18, 18, 32, ……라는 거야. 이러한 보어의 원자 모형은 멘델레예프의 주기율표를 잘 설명해 주었어. 주기율표의 1주기 원소는 첫 번째 껍질에 2개의 전자를 채우고, 2주기의 원소는 두 번째 껍질에 8개의 전자를 채우고 있잖아. 왜 주기율표를 지배하는 숫자가 8인지 알 수 없었는데 보어가 그것을 밝힌 거야. 주기율표는 전자껍질에 있는 전자의 수에 따라 분류된 거였어. 원자의 화학적 성질도 전자의 배열이 결정한 것이었고, 따라서 원자를 결합하고 분리시키는 화학 반응을 주도한 것은 바로 전자였어!

원자는 전자를 접착제 삼아 결합하고 있었지. 험프리 데이비가 화학적 친화력과 전기력이 같다고 했잖아. 원자는 전자를 잃거나 얻어서 이온이 되었지. 이렇게 양전하와 음전하가 서로 당기는 힘이 모든 물질을 이루는 거야. 멘델레예프는 화학적 성질에 따라 원소들을 정리해서 주기율표를 만들었는데, 보어가 발견한 원자의 내부 구조는 이러한 주기율표를 확인해 주었어. 화학적으로 실험해서 얻은 주기율표와 양자역학의 원자 이론이 근본적으로 같

양자의 세계

원자의 세계는 양자의 관점으로 봐야 설명할 수가 있다.
보어는 막스 플랑크의 양자 가설을 받아들여 새로운 원자
모형을 제시했다. 원자는 원자핵을 중심으로 높은 에너지와
낮은 에너지의 차이가 있는 전자껍질로 이뤄져 있다고 본 것이다.
보어는 수소의 선 스펙트럼을 가지고 원자 모형을 만들었다.

수소의 선 스펙트럼은 전자가 빛을 흡수하거나 방출할 때 전자껍질을 건너뛰는 흔적이었어.

닐스 보어

보어의 원자 모형

연속 스펙트럼

수소 원자의 흡수 스펙트럼

수소 원자의 발광 스펙트럼

다는 거야. 양자역학이 이룬 가장 큰 공로는 이렇게 원자와 원소의 구조를 설명한 것이란다.

그럼 전자껍질을 채우는 숫자가 왜 2, 8, 8, 18, 18, 32, ······ 일까? 이 숫자는 어떻게 정해진 것일까? 1925년에 볼프강 파울리 (1900~1958)는 '배타 원리'를 발견했어. 전자는 동일한 양자 상태, 즉 너무 가까운 거리에서 함께 존재할 수 없다는 거야. 하나의 주차 공간에 두 대의 차를 세울 수 없는 것처럼 전자는 다른 전자를 거부했어. 에너지가 가장 낮은 껍질에 전자의 자리는 두 개만 있어. 전자가 하나인 수소와 두 개인 헬륨은 가장 낮은 껍질에서만 전자를 갖고 있어. 헬륨이 두 개의 전자를 가지면 이 껍질은 자리가 다 차서 닫히게 되는 거야.

원자 번호 3번인 리튬은 세 개의 전자를 갖고 있잖아. 리튬의 세 번째 전자는 두 번째 낮은 껍질에 들어가야 해. 그래서 리튬은 수소처럼 가장 바깥쪽 껍질에 하나의 전자만 갖고 있지. 이것 때문에 수소와 리튬은 화학적으로 성질이 비슷해. 두 번째 껍질과 세 번째 껍질은 8개의 자리를 갖고 있어. 원자 번호 4번 베릴륨(Be)은 두 번째 껍질에 전자를 두 개 채우고, 5번 붕소(B)는 세 개 채우지. 이렇게 10번인 네온에 이르면 두 번째 껍질이 모두 채워지잖아. 그러면 그 다음 원소는 세 번째 껍질에 전자를 채우게 되는 거야.

원자번호 11번 원소는 나트륨이잖아. 원자 번호가 11번이

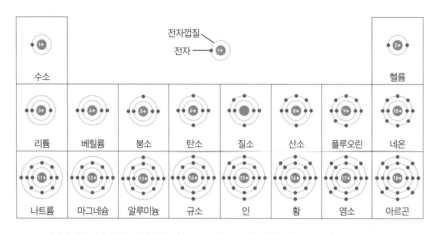

원자의 전자 배치. 그림은 원자 번호 1에서 18까지 원자의 전자 배치를 나타낸 것이다.

니까 양성자 11개, 전자 11개를 가지고 있겠지. 주기율표에서 첫 번째 전자껍질에 전자가 하나 있는 원소는 수소야. 그 세로줄에는 리튬, 나트륨, 칼륨, 루비듐(Rb), 세슘, 프랑슘(Fr) 등이 있는데 이 원소들은 모두 가장 바깥쪽 껍질에 전자를 하나만 갖고 있단다. 이 원소들을 1족 알칼리 금속이라고 하는데, 다른 원소와 결합을 잘 해서 활성이 강하다고 해. 전자가 하나뿐이니까 없애 버리기가 쉽 겠지. 반대로 가장 바깥쪽 껍질에 8개의 전자로 가득 채워진 원소 들은 비활성이야. 이렇게 물리학에서 원자의 구조를 밝혀서 왜 원 자가 주기율표를 이루는지를 설명했어. 보어, 모즐리, 파울리는 물 리학과 화학을 연결한 거야.

이렇게 물리학에서 원자의 구조를 밝혀서 화학이 정밀과학으로 발전할 수 있었어. 화학은 전자와 전자의 상호작용을 탐구하는 학문이야. 원소의 원자들마다 갖고 있는 전자의 배열을 아니까 이온 결합, 공유 결합, 금속 결합 등의 화학 결합을 쉽게 이해하게 되었지.

또한 원자의 구조는 맥스웰이 전자기학에서 밝히려고 했던 전자기파와 전자기력의 정체를 알려 주었어. 원자에서 원자핵과 전자 사이에 작용하는 힘이 바로 전자기력이야. 원자핵과 전자 사이를 매개하는 입자는 광자, 빛이었어. 세상에 모든 물질은 원자로 이뤄졌잖아. 우리 몸도 원자로 이뤄졌고, 책상 위에 책도 원자로 이뤄졌으니까 이 모든 원자 속에 전자기력이 작용하고 있는 거야. 우리 몸의 신경세포에서 신호를 전달하는 힘이 전자기력이고, 책상에 책이 놓여 있는 것도 전자기력 덕분이지. 책상의 원자 속 전자와 책의 원자 속 전자가 전자기력으로 서로 밀어내고 있거든. 그래서 책이 책상을 뚫고 아래로 떨어지지 않고 있는 거야.

물리학자들은 원자의 구조를 더 파고들어서 새로운 힘을 발견해. 세상에 중력과 전자기력만 있는 줄 알았는데 또 다른 힘이 있었어. 드디어 방사능 원소에서 나오는 핵에너지의 정체가 알려지게 되었단다.

4. 원자에서 핵에너지를 꺼내다

인공적으로 핵분열시키기

인류는 50만 년 전쯤에 불을 발견했어. 불을 사용할 줄 알았던 호모 에렉투스는 빙하기의 추위를 이겨 냈지. 맹수를 물리치고, 음식을 익혀 먹으며 호모 사피엔스로 진화한 거야. 불은 인류의 문명을 일으킨 강력한 도구였어. 이러한 불은 물질의 화학 반응에서 나온 에너지야. 물질이 타는 연소는 화학 결합이 일으킨 거지. 인류가 불을 사용했다는 것은 원자핵과 전자 사이에 작용하는 전자기력의 에너지를 이용할 줄 알았다는 뜻이야.

방사능 원소를 발견했을 때 과학자들은 새로운 에너지를 기대했어. 방사능 원소에서 방출되는 빛은 물질 속에 감춰 있는 에너지였거든. 러더퍼드와 소디는 원자핵을 발견하기도 전에 방사능 원소의 핵이 붕괴할 때 방출되는 에너지의 양을 측정했어. 그리고 깜짝 놀랐지. 화학 반응에서 나오는 에너지에 비해 최소한 20만 배, 최대한 100만 배 정도는 크다는 결과가 나왔거든. 러더퍼드는 농담으로 "만약에 그 에너지가 방출될 수 있다면, 실험실의 어떤 바보가 무심코 우주를 날려 버릴지 모른다."고 말했지.

한편 1905년에 아인슈타인이 상대성 이론을 발표했어. 그 유명한 공식, $E=mc^2$(E=에너지, m=질량, c=빛의 속도)과 함께 말이야. 상대성 이론으로부터 나온 $E=mc^2$은 에너지가 질량으로 바뀔 수 있고, 질량이 에너지로 바뀔 수 있다는 것을 뜻하지. 아인슈타인은 빛의 속도를 이용해서 에너지와 질량을 연결시켰어. 빛의 속도 c는 초속 30만 킬로미터니까, c^2은 엄청나게 큰 수야. 이렇게 큰 수에 질량을 곱하면(mc^2) 굉장히 큰 값이 되겠지. 아주 작은 양의 질량이라도 대단히 큰 에너지가 될 수 있다는 거야. 아인슈타인도 놀라서 "질량이 이렇게 큰 에너지를 가지고 있는데 왜 우리는 오랫동안 그것을 몰랐을까?"라고 말했다고 해.

1911년에는 러더퍼드가 알파 입자로 원자핵을 발견했잖아. 러더퍼드의 오른팔이었던 알파 입자는 양성자 두 개와 중성자 두 개가 있는 헬륨 원자핵이었어. 그는 다른 원소의 원자에 알파 입자를 쏘아서 원자를 쪼개려고 했지. 그런데 원자 번호가 큰 원소들은 이런 식으로 쪼개기가 어려웠어. 알파 입자도 양전하, 원자핵도 양전하를 띠어 서로 밀어내기 때문이야. 원자핵이 클수록 양성자를 더 많이 포함하고 있어서 알파 입자가 그 반발력을 뚫을 수가 없었거든. 해결책은 알파 입자를 아주 빠르게 발사하는 거였어. 그래서 전기장을 이용해 입자들을 가속시키는 사이클로트론(cyclotron)이 개발되었어.

1930년대에 이르러 원자 속의 중성자가 발견되었어. 전기적으로 중성인 중성자는 반발력이 없어서 원자핵에 더 쉽게 접근할 수 있었지. 이탈리아 출신 물리학자 엔리코 페르미(1901~1954)는 중성자가 원자핵을 때리는 망치로 쓰기 적합하다는 것을 알았어. 중성자의 속도를 느리게 할수록 원자핵을 때릴 확률은 더 높아졌지. 페르미는 속도를 늦춘 중성자를 가지고 주기율표에 있는 모든 원소들을 때리는 포격 실험을 해 보았어. 가벼운 원소에서 무거운 원소까지 체계적으로 조사했는데 새로운 방사능 원소가 나오는 거야. 페르미 실험 이후에 원자핵에서 무슨 일이 일어나는지, 전 세계의 물리학자와 화학자가 주목하게 되었단다.

그런데 원자핵 속에 양성자와 중성자가 있다면 이 둘을 결합시켜 주는 힘이 필요할 거야. 물리학자들은 당시까지 알려진 중력과 전자기력보다 훨씬 큰 힘이 원자핵 속에 숨어 있을 거라고 예측했어. 1935년에는 일본의 물리학자 유카와 히데키가 중간자 이론을 발표했어. 양성자와 중성자를 뭉치게 하는 강한 핵력이 작용하는데 그 사이를 매개하는 어떤 입자, 곧 중간자가 있다는 거야. 유카와는 원자핵과 강한 핵력의 상호 작용을 예측한 공로로 1949년에 일본인 최초로 노벨 물리학상을 받았어. 원자 속에는 원자핵과 전자 사이에 전자기력이 작용하고, 원자핵 속에는 양성자와 중성자 사이에 강한 핵력이 작용하고 있었어. 대부분 원소의 원자핵은 강한 핵력 때문에 안정적이고, 원소의 변환이 쉽게 일어나지 않아. 몇몇 무거운 원소에서만 자연 발생적으로 원자핵이 붕괴되는 현상이 일어났지. 그런데 이제는 과학자들이 방사능의 실체를 이해하고 인공적으로 원자핵을 붕괴시키는 단계에 이른 거야.

1938년에 독일의 화학자, 오토 한(1879~1968)과 슈트라스만(1902~1980)은 중성자로 우라늄을 포격하다가 기이한 현상을 발견했어. 보통 포격 실험을 하면 원자핵의 일부가 떨어져 나가는데 이번에는 바륨 원소가 생성되는 것처럼 보였어. 바륨은 원자 번호가 56으로, 우라늄(원자 번호 92)의 거의 절반에 해당하는 원소야. 그러면 우라늄 원자핵이 절반으로 쪼개진 것일까? 우라늄은 원자량이 238이야. 양성자 92개와 중성자 146개로 이뤄졌지. 이러한 거대한 원자핵이 중성자 1개와 충돌해서 반으로 쪼개졌다면 마치 야구공이 창문을 뚫고 들어와 집을 반으로 쩍 갈라 놓은 것과 같았어. 어떻게 이런 일이 일어날 수 있는지, 도저히 납득이 안 가는 상황이었어.

오토 한은 동료 여성 과학자인 리제 마이트너(1878~1978)에게 이론적 설명을 요청했어. 오스트리아 물리학자 마이트너는 유

대인이었기 때문에 나치의 박해를 피해 스웨덴 스톡홀름에 망명
중이었거든. 그녀는 조카인 물리학자 오토 프리슈와 함께 믿을 수
없는 결과를 이론적으로 풀어냈어. 우라늄 원자핵이 바륨과 크립
톤으로 쪼개지면서 질량 결손이 일어나고, 그 순간 잃어버린 질량
에서 막대한 에너지가 방출된다는 거야. 마이트너와 프리슈는 세
포 분열을 생각하며 핵분열(nuclear fission)이란 용어를 떠올렸지.
33년 전에 아인슈타인이 예견했던 $E=mc^2$이 현실에서 구현되었
어. 원자핵 속에 압축된 엄청난 에너지를 방출시키는 방법을 찾아
낸 거야.

핵분열이 발견되었을 때 물리학자들 머릿속에는 폭탄이 떠올랐어. 왜 불길하게 폭탄이었을까? 이미 4년 전에 이를 예측한 과학자가 있었거든. 1934년 헝가리 출신의 물리학자 레오 실라르드(1898~1964)는 영국 특허사무소에 핵에너지 이용법에 대한 특허를 출원했어. 중성자를 더 많이 만드는 원자핵 붕괴를 유도할 수 있다면 연쇄 반응이 일어나고, 자발적으로 핵에너지를 방출할 수 있다고 예측한 거야. 얼마든지 핵폭탄을 만들 수 있다는 거지.

우라늄은 원자량 238과 235인 두 가지 동위 원소가 있어. 우라늄에는 92개의 양성자가 있으니까 동위 원소의 중성자는 각각 146개와 143개야. 우라늄 원자가 분열하면 바륨과 크립톤이 만들어지는데 바륨과 크립톤의 중성자는 각각 81개와 48개거든. 핵분열하면서 중성자는 각각 17개와 14개가 남게 돼. 이 중성자들은 원자 밖으로 방출되고, 다른 우라늄 원자와 부딪히면서 원자핵 분열을 다시 일으켜. 그러면 더 많은 중성자가 방출되겠지. 이렇게 핵분열 반응이 계속 일어나는 거야.

핵분열 실험이 공개되자, 과학자들 사이에 걱정이 커져 갔어. 1939년은 독일 나치에 의해 유럽이 전쟁 중이었고, 일본은 중국 본토를 침략한 상황이었거든. 핵분열을 발견한 오토 한이나 슈트라스만은 독일 과학자잖아. 독일이 핵폭탄을 제조할지 모른다는 공포가 확산되었지. 핵폭탄을 예견했던 실라르드는 아인슈타인을 찾아갔어. 미국의 루스벨트 대통령에게 핵폭탄의 가능성을 알리는 편지를 쓰자고 설득한 거야. 그해 8월에 다음과 같은 편지가 루스벨트 대통령에게 전달되었어.

지난 4개월간 프랑스의 졸리오의 연구와 미국의 페르미와 실라르드의 연구를 통해 대량의 우라늄 안에 연쇄 반응을 일으킬 수 있다는 사실이 밝혀졌습니다. 이 과정에서 어마어마한 파괴력의 에너지와 함께 라듐과 유사한 방사성 물질들이 대량으로 생성될 것입니다. 이런 일이 가까운 미래에 실현되리라는 점은 거의 분명한 사실로 보입니다. 또한 새롭게 밝혀진 이 현상을 이용해 비록 가능성은 희박하지만 이전에 알려지지 않은 형태의 대단히 강력한 폭탄을 제작할 수 있으리라 예측됩니다.

여기까지는 우려스러운 예측이었어. 과연 핵폭탄이 만들어질 수 있을까? 닐스 보어는 이렇게 단언했어. "미국을 통째로 하나의 거대한 공장으로 바꾸지 않는 이상 불가능한 일이야." 왜냐면 우라늄 동위 원소중에 느린 중성자에 의해 핵이 분열하는 것은 우라늄235뿐이었어. 우라늄 광석 중에 0.7퍼센트에 불과한 우라늄235를 화학적으로 분리해 내는 것은 불가능해 보였지.

그런데 이듬해인 1940년 우라늄보다 양성자 개수가 2개 더 많은 플루토늄을 발견했어. 미국 버클리 대학에서 사이클로트론으로 핵 안에 양성자가 94개 들어 있는 초우라늄 물질, 플루토늄을 만든 거야. 페르미는 플루토늄이 우라늄235처럼 느린 중성자를 포획한 후 핵분열을 일으킨다는 것을 확인했어. 우라늄238로부터 우라늄235를 분리하는 것보다 더 효율적인 방법으로 핵폭탄을 제작할 수 있는 길이 열린 거야. 한편 1941년 봄, 영국에서 핵무기 개발에 관한 연구를 수행하던 모드(MAUD) 위원회가 심각한 보고서를 제출했어. 우라늄 광석에서 우라늄235를 분리하는 방법을 찾았다는 거야. 이제 핵폭탄 개발은 얼마든지 실현 가능해졌어.

미국과 영국의 정치계는 핵폭탄 개발에 술렁였지. 그때 일본이 진주만을 공습했어. 1941년 12월 7일, 하와이에 주둔했던 태평양 함대가 파괴되었고 2000명 이상의 미국인이 사망했어. 충격에 휩싸인 미국 의회는 그다음 날 일본에 전쟁을 선포했어. 상황은 급박하게 돌아갔어. 6주 후에 루스벨트 대통령이 핵폭탄 개발을 승인한 거야. 6개월 후에 미국 정부는 '맨해튼 프로젝트'라는 암호명으로 본격적인 핵무기 제작에 착수했단다.

세상의 파괴자가 되다

핵분열과 연쇄 반응을 어떻게 일으키고, 어떻게 제어할 것인가? 이것이 핵폭탄을 만드는 데 가장 관건이 되는 문제였지. 페르미는 훗날 '원자로'라고 불리게 될 장치를 이론적으로 설계했어. 먼저 느린 중성자를 만드는 감속재로 탄소를 찾아냈어. 그다음에 순도 높은 탄소가 포함된 흑연과 우라늄 광물로 육면체 기둥의 더미를 만들었지. 그리고 이 더미를 쌓아 올린 원자로를 구상했어. 말로는 쉬워 보이지만 중성자가 느려질 확률, 우라늄 또는 탄소에 의해 흡수될 확률, 핵분열을 일으킬 확률을 모두 계산해서 설계한 거야. 이 더미를 페르미는 '파일'이라고 불렀는데 페르미와 그의 동료들은 시카고 대학에서 파일 구조물을 실제로 쌓아 보자고 제안했어. 진짜 원자로를 설치하고 핵 연쇄 반응을 실험해 본 거야. 자칫 잘못되면 어떤 일이 벌어질지, 무시무시한 실험이었지.

시카고 대학교 축구 경기장 아래에 스쿼시 코트가 있었는데 여기에 450톤에 이르는 흑연 벽돌 4만 5000개를 쌓아 올렸어. 검은 숯검댕이를 뒤집어쓴 물리학자들이 나서서 원자로를 건설한 거야. 흑연 벽돌 속에 드릴로 구멍을 뚫어 45톤의 우라늄을 삽입하고, 파일을 가로질러 카드뮴 제어봉을 꽂아 놓았어. 천연 우라늄 연료는 자발적으로 중성자를 방출하고 포획하며 플루토늄으로 변환되거든. 이때 카드뮴 제어봉은 중성자를 흡수해서 연쇄 반응을 막는 장치였어. 제어봉을 조금씩 꺼내면 중성자의 수가 늘어나면서 우라늄 핵분열이 일어나겠지. 연쇄 반응이 계속될 때 제어봉을 다시 꽂으면 연쇄 반응을 멈추게 하는 거야.

1942년 12월 2일, 최초의 원자로 실험은 성공적이었어. 모든 제어봉을 제거하자 연쇄 반응이 일어났고, 페르미의 지시로 28분 만에 제어봉을 다시 꽂으니까 계수기의 중성자 강도 눈금이 급속도로 떨어졌어. 이렇게 원자 속에 봉인되어 있었던 핵에너지가 원자로를 통해 그 모습을 드러냈어. 인간이 처음으로 핵 연쇄 반응을 일으키고 핵에너지를 통제하게 된 거야. 페르미의 원자로는 시작에 불과했지. 우라늄과 플루토늄 폭탄을 제조하기 위해서는 더 크고 안전한 시설이 필요했으니까.

핵폭탄 개발이었던 맨해튼 프로젝트는 어마어마한 사업이었어. 미국과 캐나다에 있는 37개 공장이 가동되었지. 미 육군의 레슬리 그로브스(1896~1970) 장군이 총책임을 맡고, 우라늄과 플루토늄 폭탄을 각각 하나씩 만드는 계획이 추진되었어. 뉴멕시코주의 로스앨러모스에서는 미국의 물리학자 로버트 오펜하이머(1904~1967)가 핵폭탄을 설계하고 조립하는 것을 지휘했어. 물리학자, 화학자, 공학자 등 3000여 명이 매달린 결과 1945년 7월에 두 종류의 핵폭탄이 개발되었단다.

우라늄 폭탄은 잘 터져서 따로 장치를 만들 필요가 없었어. 일반적인 포신형 방식으로 비행기에 실을 수 있게 작은 크기로 만들어졌지. 그렇게 '꼬마'(Little Boy)라는 이름의 우라늄 폭탄이 제작된 거야. 문제는 플루토늄 폭탄이었어. 플루토늄은 연쇄 반응을 일으키기 위해 내부에서 한 번 더 터지는 내폭형 방식을 개발해야 했거든. 잘 터질지 알 수 없어서 시험 발사용으로 하나가 더 만들어

핵분열, 어마어마한 파괴력의 에너지

우라늄 원자핵이 쪼개지면서 질량 결손이 일어나고,
그 순간 잃어버린 질량에서 막대한 에너지가 방출된다.
원자핵 속에 압축된 엄청난 에너지를 방출시키는 방법을 찾아낸
것이다. 최초로 원자로 실험에 성공한 엔리코 페르미와
맨해튼 프로젝트를 이끌어 원자탄을 개발한 오펜하이머.

엔리코 페르미

핵에너지의 무시무시한 힘에는
제어 장치가 필수지. 카드뮴 제어봉으로
중성자를 흡수해서
연쇄 반응을 막았어.

1945년 처음 핵폭탄 실험을 한 뒤
우리는 이제 세상이 전과 같지
않을 것임을 알았다.

오펜하이머

졌어. '뚱보'(Fat Man)라는 이름의 플루토늄 폭탄이 두 개 제작된 거야. 테스트를 위한 시험 발사가 이뤄졌는데 '트리니티'라는 암호명이 붙었어.

1945년 7월 16일, 뉴멕시코 사막에서 인류 최초의 핵폭탄 실험이 수행되었어. 스위치를 켜는 순간, 태양을 1000개 합친 것보다 밝은 빛이 폭발했지. 트리니티에 참가한 물리학자들은 섬광이 너무나 밝아서 엄청난 공포를 느꼈어. "지구가 끝장날 것 같다."는 생각이 들었다고 해. 몇 초 후 버섯구름이 하늘로 피어오르자 다들 망연자실해졌어. 자신이 목격한 것이 무엇인지를 깨닫는 순간, 절망과 고통이 밀려왔지. 오펜하이머는 당시를 이렇게 회상했어. "우리는 이제 세상이 전과 같지 않을 것임을 알았다. 누군가는 웃었고, 누군가는 울었고, 대부분의 사람들은 침묵했다. 나는 힌두 경전인 『바가바드기타』의 한 구절이 기억났다. (⋯⋯) 나는 이제 죽음이 된다. 세상의 파괴자가 된다."

8월 6일, 미국의 B-29 폭격기는 일본 히로시마의 상공에 우라늄 핵폭탄 '꼬마'를 투하했어. 당시 35만 명이었던 히로시마 시민 중 7만 명이 폭발 때 즉사했어. 그로부터 3일 후에는 플루토늄 폭탄 '뚱보'가 나가사키에 떨어졌어. 일본 천황은 무조건 항복을 선언했고 제2차 세계대전은 종결되었지. 나가사키와 히로시마에서 사상자가 무려 30만 명 나왔어. 그중에 한국인 희생자도 4만 명이나 포함되어 있었지. 전쟁은 끝났지만 핵폭탄의 공포는 사람들의 마음속에 새겨졌어. 과학자들이 원자에서 핵에너지를 꺼내서, 스스로를 멸망시킬 무기를 만든 거야. 20세기 초 원자의 존재를 확인했는데 40여 년 만에 가공할 파괴력을 지닌 핵무기를 갖게 되었지. 오펜하이머 말대로 이후 세상은 전과 달라졌어.

VI ——— 빅뱅

우주의 기원을
탐구한다는 것의 의미

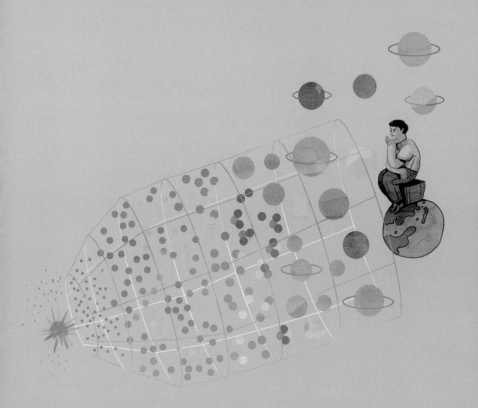

　　과거에 우주론은 과학이 아니었어. 1만 년 전쯤 인류가 문명을 세우고 나서 여러 문명권에서 하늘의 천체를 관찰하고 달력을 만들었지. 인류는 우주가 어떻게 생겨나고, 인간은 어떻게 나왔는지 궁금해했어. 그래서 다양한 창조 신화가 지어졌지. 우주와 인간에 대한 기원을 이야기로 만든 거야. 그때는 하늘에 떠 있는 태양과 달, 행성, 별들을 초자연적이고 신비한 현상으로 이해했어.

　　인류는 별을 바라볼 수 있어도, 이해할 수는 없었어. 별은 왜 빛날까? 별이 무엇으로 이뤄졌길래 저리 빛나는 것일까? 우주는 별이 빛나는데도 왜 어두운 것일까? 이렇게 질문을 던졌지만 사실 별에 대해 아는 것은 없었어. 그저 별이 아름답고 영원하다는 것에 매료되었지. 20세기까지 과학자들도 별과 우주가 영원하다고 생각했어. 우주는 무한대이고, 변함없고, 영원히 존재한다고 말이야. 그러나 그건 증명할 근거가 없는 믿음이었지. 사실 영원한 우주론은 신화에 가깝다고 할 수 있어. 그러면 우주론은 어떻게 신화에서 과학으로 바뀌었을까?

우주를 과학적으로 설명하는 데 무엇보다도 관측 장비가 중요한 역할을 했어. 거대한 망원경으로 우주를 관측하고, 계산하고, 가설과 이론을 만들어서 검증했지. 처음에는 빅뱅 이론도 가설이었어. 그것이 차츰 증명되어서 빅뱅 이론을 바탕으로 우주의 표준 모형이 만들어졌어. 이렇게 우주론이 정립되기까지 20세기 이전에 밝혀진 과학적 사실이 큰 역할을 했어. 앞서 나온 물질, 에너지, 진화, 원자의 개념으로부터 우주를 이해할 수 있게 된 거야.

우주론은 과학을 총망라한 통합과학의 정수라고 할 수 있어. 우주를 만드는 물질은 무엇이며, 이 물질들은 어떻게 작용할까? 중력은 어떻게 생겨났으며 별과 행성의 상호 작용을 어떻게 일으킬까? 이러한 물리 법칙을 우주에 적용해서 우주론을 과학으로 만들었지. 전자기학에서는 빛의 실체를 밝혀서 우주 연구의 문을 열었어. 또한 원자의 구조를 통해 양성자, 중성자, 전자가 작용하는 빅뱅의 순간을 과학적으로 이해할 수 있었어.

세상의 모든 것에는 기원이 있잖아. 우주의 기원, 시간의 기원, 공간의 기원, 물질의 기원, 종의 기원, 인간의 기원 등등. 우주에서 우리 자신의 존재를 이해하기 위해 기원의 탐구는 꾸준히 이어져 왔어. 마침내 빅뱅 우주론은 인류가 그토록 궁금해하던 궁극의 질문, 빅 퀘스천의 답을 찾은 거야. 나는 누구인가, 왜 우리가 우주에 존재하게 되었는가를 알게 되었어.

나아가 모든 기원을 하나로 통합한 빅 히스토리를 탄생시켰어. 우주, 별, 행성, 지구, 에너지, 생명, 인간, 의식을 한 편의 장대한 역사로 그려 냈어. 우주와 지구, 인간이 출현한 138억 년의 역사를 하나의 흐름으로 연결해서 설명할 수 있게 된 거야. 이렇게 우주의 이야기는 우리 자신의 이야기가 되었어. 우주와 인간을 과학적으로 알 수 있다는 것은 정말 경이로운 일이야. 우주와 생명, 인간에 대한 깊은 통찰을 얻고, 지구에서 인간으로 산다는 것이 어떤 의미를 갖는지 깨닫게 되었으니까.

하지만 아직 우리는 우주의 기원에 대해 아는 것보다 모르는 게 더 많아. 우주 탐구는 현재 진행 중이야. 한 가지 분명한 사실은 과학을 모르면 우주와 우리 자신의 존재를 이해할 수 없다는 거야. 이제 인류의 과학적 성취가 어디쯤 도달했는지를 살펴보기로 하자.

1. 별을 보다

세페이드 변광성과 사진 기술

　밤하늘의 별들은 빛났지만 그 밝기가 똑같지 않았어. 어떤
것은 밝고, 어떤 것은 어두웠지. 별의 겉모습을 가장 쉽게 측정할
수 있는 물리량은 별의 밝기였어. 18세기에 대형 망원경이 제작되
면서 별의 밝기를 수학적으로 계량화하는 작업이 진행되었어. 별
이 얼마나 밝은지, 등급별로 나눠서 측정하려면 기준이 되는 밝기
가 필요했어. 천문학자들은 쌍안경처럼 두 개의 렌즈가 달린 장치
를 개발했지. 한쪽에는 망원경을 연결해서 별을 보고, 다른 쪽에서
는 촛불을 보는 거야. 작고 어두운 상자 속에 촛불을 켜 두고, 그것
을 표준으로 삼았어. 양쪽 눈으로 별과 촛불을 동시에 보면서 비교

했지. 별을 하나하나 보면서 밝기를 헤아리느라, 천문학자들은 정말 눈이 아팠을 거야.

이렇게 별의 밝기를 측정하다가 변광성을 발견했어. 별이 변하지 않는 줄 알았는데 어떤 별은 규칙적으로 밝아졌다가 어두워지기를 반복하는 거야. 왜 이런 밝기의 변화가 일어나는 것일까? 18세기 말에 천문학자들은 변광성의 밝기가 변하는 과정을 관측했어. 영국의 천문학자, 에드워드 피컷과 존 구드리크는 세페우스자리 델타 별을 관측하고 의미심장한 결과를 보고했어. 이 별은 5일마다 같은 패턴을 보여 주는데 밝기의 변화가 대칭적이지 않았어. 밝아지는 속도와 어두워지는 속도가 같지 않았지. 하루 동안 최고 밝기로 올라갔다가 4일 동안 최저 밝기로 서서히 내려왔어. 이들은 이러한 새로운 종류의 변광성을 발견하고, '세페이드 변광성'이라고 불렀단다.

별은 대부분 안정된 상태에 있는데 세페이드 변광성은 안정 상태에 있지 않고 맥동하고 있었어. 이 별은 수축하면서 뜨거워지고, 다시 에너지를 방출하면서 팽창하기를 반복해. 왜냐면 별이 늙어 가면서 더 이상 태울 것이 없어서 그래. 에너지가 없어서 수축해서 열을 내고, 다시 식으면 수축해서 열 내기를 반복하는 거야. 이러한 세페이드 변광성은 우주론의 역사에서 아주 큰일을 해냈어. 이 얘기는 차차로 하게 될 거야. 이 별을 발견한 구드리크는 안타깝게도 추운 밤에 별을 관측하다가 폐렴에 걸려 세상을 떠

세페우스 자리 델타 별은 5일 주기로 밝아지고 어두워진다. 세페이드 변광성의 원형별이다.

났어. 자신이 천문학에 뛰어난 공헌을 했다는 것을 모르는 채 말이야.

세페이드 변광성 다음으로 천문학의 발견에 기여한 것은 사진 기술이었어. 1840년대 윌리엄 허셜의 아들이며 영국 왕립학회 회장이었던 존 허셜은 사진이 나오자마자 천문학에 이용했어. 망원경에 사진 건판을 장착해서 별을 관측한 거야. 사진이 인간의 눈을 대신해서 별빛을 기록할 수 있도록 한 거지. 사진 건판은 몇 분 동안, 심지어는 몇 시간까지 빛에 노출시킬 수 있어. 노출 시간이 길어지면 더 많은 빛을 모을 수 있지. 사진 건판을 사용하는 망원경은 눈으로 관측한 것보다 더 정확하고 더 객관적인 자료를 남길 수 있었어. 가령 맨눈으로 플레이아데스 성단을 보면 7개의 별을 볼 수 있어. 갈릴레오의 망원경으로 보면 47개의 별을 볼 수 있고. 그런데 1880년대에 장시간 노출시킨 사진에는 별이 자그마치 2326개나 찍혔어. 이러한 사진 기술은 천문학에 응용되어 엄청난 일을 해냈단다.

여성 계산원, 헨리에타 레빗

사진은 천문학자의 관측에 정확하고 객관적인 자료를 제공했어. 1877년 하버드 대학의 천문대에서는 모든 천체를 사진으로 기록하는 작업에 착수했어. 천문대 대장이었던 에드워드 피커링이 10년 동안 50만 장의 천체 사진을 찍었어. 이제 망원경 관측보다 사진을 분석하는 일이 더 중요해졌지. 각 사진에는 밝기와 위치가 다른 수백 개의 별들이 찍혀 있었거든. 피커링은 사진 자료를 분류하고 계산하는 작업에 여자 계산원을 고용했어. 남자보다 여자가 훨씬 세심하게 주의를 기울이며 이 일을 해냈지. 더구나 남자 한 명에게 주는 비용으로 여자 두 명을 쓸 수 있었어.

하버드 대학의 천문대는 인간 계산기 노릇을 하는 여자를 대거 고용했어. 망원경 관측과 사진 찍기는 남자 천문학자가 하고,

천체 사진 분석은 여자 계산원이 하는 것이 관례가 되었지. 계산원들은 눈이 빠질 정도로 자료를 분석하는 데 많은 시간을 보냈어. 그 덕분에 과학적 성과가 나왔어. 애니 점프 캐넌(1863~1941)은 별의 색깔과 밝기, 위치를 계산하여 별 목록을 작성하는 데 단연 두각을 나타냈어. 1911년부터 1915년까지 매달 5000개의 목록을 정리했다고 해. 하루에 수백 장의 사진 자료를 다뤘다는 이야기야. 캐넌은 어렸을 때 성홍열을 앓다가 청력을 잃었어. 세페이드 변광성을 발견한 구드리크도 귀가 거의 들리지 않았지. 두 사람은 청력대신에 남다른 시력을 갖게 된 거야. 자신의 장애를 극복하고, 특별한 능력을 얻은 것 같아. 또 한 명, 계산원이었던 헨리에타 레빗(1868~ 1921)도 청력이 좋지 않았어.

1892년에 레빗은 하버드 대학에서 여성을 위한 교육 기관인 래드클리프 칼리지를 졸업했단다. 그런데 졸업 후에 뇌막염을 앓고 귀가 들리지 않게 되었어. 그녀는 자신의 불행에 좌절하지 않고, 하버드 대학 천문대에 무급 봉사자로 자원했지. 사진 건판을 조사하며 변광성을 찾아내는 일에 재능을 발견한 거야. 어찌나 그 일을 잘했던지 당시에 알려진 변광성의 절반인 2400개를 찾아냈다고 해.

레빗은 여기에서 멈추지 않고, 관측에서 이론적 연구로 나아갔지. 다양한 변광성 중에서 세페이드 변광성에 주목했어. 세페이드 변광성은 밝았다가 어두워지는 주기가 있는 별이잖아. 어떤 별은 5일 주기로 밝아졌다 어두워지길 반복하고, 어떤 별은 10일 주기를 나타내는 거야. 레빗은 주기와 밝기 사이에 과학적 법칙이 있음을 직감했어. 예를 들어 밝은 별이 어두운 별보다 긴 주기를 가졌다든지, 아니면 짧은 주기를 가졌다든지, 무슨 관계가 있을 거라고 생각한 거야.

당시 천문학자들은 지구에서 별까지의 거리를 측정하고 싶었어. 그런데 별의 밝기를 보고 거리를 짐작할 수는 없었지. 별이 밝으면 가까이에 있고, 별이 어두우면 멀리 있다고 추론할 수가 없는 거야. 별이 덩치가 크면 빛을 많이 방출할 테니까 멀리 있어도 빛나겠지. 천문학자들은 별의 겉보기 밝기만 겨우 관측할 수 있었어. 거리가 가까운 곳에 있어서 밝은 것인지, 진짜 크고 빛나는 별이라서 밝은 것인지 알 수가 없었지. 이 문제를 해결하기 위해 레빗은 창의적인 아이디어를 생각해 냈어. 세페이드 변광성이 빛나는 주기를 가지고 진짜 밝기를 알 수 있는 방법을 찾은 거야.

먼저 소마젤란 성운이라고 불리는 별의 집단에 주목했어. 이 성운에서 25개의 세페이드 변광성을 찾아냈지. 지구에서 먼 거리에 떨어져 있는 이 성운까지의 거리는 모르지만 이 성운 속에 있는 세페이드 변광성끼리는 서로 가까이 있는 것이 분명했어. 예를 들어, 저 멀리 전깃줄에 새가 25마리 앉아 있다고 해 보자. 새들 중에는 작은 것도 있고 큰 것도 있을 거야. 전기줄에 앉아 있는 25마리의 크기를 비교해 보면 대체로 상대적인 크기를 짐작할 수 있잖

통통한 과학책 2

별의 실제 밝기와 거리

겨우 별의 겉보기 밝기만 관측할 수 있던 때,
천문대의 계산원으로 일하던 레빗은 세페이드 변광성의 주기와
밝기 사이에서 법칙을 발견한다. 레빗의 이론을 바탕으로
별의 실제 거리를 알 수 있게 되었다.

세페이드 변광성의 주기가 길수록
그 별은 밝기도 더 밝았지.

헨리에타 레빗

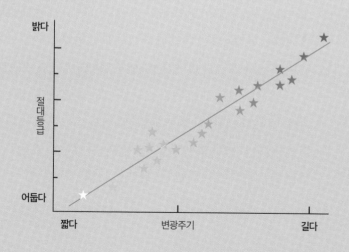

아. 25마리 중에 크게 보이는 새는 진짜 다른 새보다 큰 거지. 그것처럼 소마젤란 성운 속에 있는 세페이드 변광성의 밝기를 추적할 수 있어. 25개 별 중에 밝게 보이는 별은 진짜 밝다고 확신할 수 있으니까.

레빗은 25개 별의 밝기와 주기와의 관계를 그래프로 그려 보았어. 그랬더니 주기와 밝기에 일정한 관계가 나타났어. 주기가 긴 세페이드 변광성이 더 밝았던 거야. 레빗은 이것을 우주에 있는 모든 세페이드 변광성에 적용할 수 있다고 생각했어. 소마젤란 성운에 있는 세페이드 변광성 25개를 관측해서 나온 법칙을 온 우주에 있는 세페이드 변광성으로 확장한 거야. 이제 우주에서 어떤 세페이드 변광성의 주기를 알면 진짜 밝기가 어느 정도인지 알 수 있게 되었어. 주기가 같은 다른 세페이드 변광성과 비교해서, 어떤 별이 다른 별보다 더 어둡다면 그 별은 다른 별보다 멀리 있다고 추론할 수 있는 거야. 빛의 밝기는 거리의 제곱에 반비례해서 어두워지거든. 빛은 공간을 퍼져 나가니까 1미터 떨어져 있으면 1^2만큼, 2미터 떨어져 있으면 2^2만큼 어두워져. 만약에 어떤 별이 다른 별보다 9배 어두워 보인다면 3배 멀리 있다고 추론할 수 있어.

그런데 레빗의 발견으로 알 수 있는 것은 별의 상대적인 밝기와 거리였지. 여전히 지구에서 변광성까지의 실제 거리는 알 수 없었어. 만약 별 하나의 실제 거리를 알 수 있다면 레빗의 측정 방법을 적용해서 모든 세페이드 변광성까지의 거리를 알 수 있을 거야. 어떤 세페이드 변광성의 주기를 알면 밝기를 알 수 있고, 거리를 추론할 수 있으니까. 마침내 천문학자들의 노력으로 실제 거리를 측정할 수 있는 결정적인 관측을 얻었어. 연주 시차법과 여러 기술을 결합해서 실제 거리 하나를 측정하는 데 성공했지. 이렇게 레빗의 법칙으로 세페이드 변광성은 천체의 실제 거리를 알려 주는 표준 척도가 되었어.

1924년 스웨덴 아카데미는 레빗을 노벨상 후보에 올리려고 했어. 천문학에서 레빗이 발견한 법칙이 대단히 유용하게 쓰였거든. 그런데 3년 전 레빗은 쉰세 살의 나이에 암으로 세상을 떠나고 없었어. 그녀는 계산원이었기에 과학자로 인정받지 못하고 죽음조차 세상에 알려지지 않았어. 그녀야말로 '숨은 영웅'이었는데 그녀의 훌륭한 법칙은 주인의 이름을 찾지 못하고 '변광성의 주기 광도 관계'로 알려져 있었어. 그러다 최근에 와서 '레빗의 법칙'으로 부르게 되었단다.

빛, 우주에서 온 메신저

천문학은 빛의 과학이야. 빛은 우주와 지구를 연결해 주는 유일한 수단이지. 빛에는 별과 행성들의 다양한 정보가 담겨 있어. 천문학자들은 얼마 안 되는 빛을 가지고 많은 정보를 알아냈지. 어떻게 그럴 수 있었을까?

우선 과학자들은 무엇을 '본다'는 것의 물리적 작용을 이해했어. 본다는 것은 우리 눈이 물체에서 나오는 빛을 받아들여 뇌에서 인식하는 과정이지. 우리 눈은 빛을 모으는 광수용체잖아. 물체에서 반사된 빛이 눈으로 들어와 물체를 보여 주지. 이 작용을 이해하고 만든 도구가 바로 망원경이야. 망원경 렌즈는 우리 눈처럼 빛을 모으는 장치야. 빛을 더 많이 모으면 더 잘 보이니까 망원경 렌즈의 크기가 점점 커졌지. 천문학자들은 우주 저 멀리 별빛까지 끌어모아서 천체를 관측하려고 아주 커다란 망원경을 제작했단다.

그리고 과학자들은 빛의 속도가 유한하다는 것을 알았어. 빛의 속도는 아주 빠르지만 초속 30만 킬로미터로 일정해. 아인슈타인이 발견한 광속 불변의 법칙이지. 빛의 속도는 언제 어디서나, 누가 어떤 상태로 관측하건 항상 일정하다는 거야. 빛의 속도는 과학의 역사에서 최초로 계산된 자연 상수야. 자연 상수에는 빛의 속도(c) 말고도 뉴턴의 중력 상수(G)와 양자역학에서 나오는 플랑크 상수(h)가 있어. 이러한 자연 상수를 우주의 명령이라고 말해. 우주가 탄생한 직후부터 자연 상수의 값은 우주의 운명을 결정했어. 만약에 자연 상수가 지금과 다른 값이라면 우주가 다른 세상이 되었을 거야.

빛의 속도는 우주의 시공간과 깊이 얽혀 있어. 우주에서 빛의 속도보다 빠르게 움직이는 것은 없어. 동일한 속도로 움직일 수도 없어. 이러한 특성 때문에 우주에서 과거와 현재가 섞이지 않는 거야. 우리가 현재 태양을 보고 있다면 태양에서 나오는 빛이 우리 눈에 도달하는 시간이 있겠지. 8분 정도 시간이 걸린다니까, 우리가 보고 있는 태양은 8분 전의 모습이야. 우주에 있는 별들은 빛의 속도로 거리를 측정해. 빛이 1년 동안 간 거리를 1광년이라고 하지. 태양계에서 가장 가까운 별 알파 센타우리는 지구로부터 4광년 떨어진 거리에 있어. 우리 눈으로 보고 있는 알파 센타우리는 4년 전 모습이야. 천체까지의 거리가 멀수록 우리는 더욱 먼 과거를 보고 있는 거야.

천문학자나 우리가 찍은 사진은 그 순간의 빛을 화학적 방법으로 보존·기록한 거야. 모든 사진은 과거의 빛을 잡아 놓은 거지. 앞서 보았듯이 망원경과 사진 기술은 천문학에서 혁명을 일으켰어. 그것과 더불어 중요한 도구는 망원경으로 모은 빛을 정밀하게 나눠서 분석하는 분광기야. 분광기는 빛의 스펙트럼을 보여 주지. 빛은 무지개처럼 다양한 색상으로 분해되잖아. 전자기학에서 빛은 전자기파로서 다양한 파장으로 이뤄졌다는 것을 밝혔어. 또 양자역학에서 빛은 에너지 덩어리로 방출·흡수되는 광자라고 했어. 이상하지만 빛은 파장이면서 동시에 입자라는 거야. 빛은 서로 다른 색상과 파장, 에너지, 광자로 구성되어 있는데 과학자들이 분광기로 이것을 쪼개서 다양한 정보를 얻을 수 있었어.

빛은 그림을 보고 이해하는 것이 쉬워. 다음 그림을 보면 빛은 파장이 다른 영역대로 나눠져 있어. 일정한 빛의 속도로 움직이

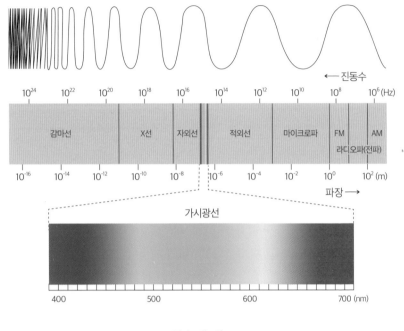

→ 진동수

10^{24} 10^{22} 10^{20} 10^{18} 10^{16} 10^{14} 10^{12} 10^{10} 10^{8} 10^{6} (Hz)

감마선   X선   자외선   적외선   마이크로파   FM   AM

라디오파(전파)

10^{-16} 10^{-14} 10^{-12} 10^{-10} 10^{-8} 10^{-6} 10^{-4} 10^{-2} 10^{0} 10^{2} (m)

파장 →

가시광선

400   500   600   700 (nm)

빛의 스펙트럼.

지만 파장의 길이는 달라. 가운데에 우리 눈에 보이는 가시광선이 있고. 왼쪽부터 보면 짧은 파장을 가진 감마선, X선, 자외선이 있어. 이것들은 에너지가 세서 우리 몸에 위험한 빛이야.

　가시광선 오른쪽에 있는 적외선, 마이크로파, 전파는 파장이 길고 에너지가 적은 빛이지. 적외선이나 마이크로파보다 에너지가 세지 않고 긴 파장을 가진 전파는 정보를 전달하는 데 효과적이야. 라디오, TV, 스마트폰, 인터넷에서 쓰이고 있지. 특히 우주 멀리 흩어진 빛은 파장이 길어지고 열에너지가 뚝 떨어져서 전파로 감지돼. 천문학자들은 접시 모양의 안테나로 눈에 보이지 않은 전파를 잡아내는 전파 망원경을 개발했어. 우주에서 나오는 빛을 관측하기 위해서야.

가운데 가시광선 영역은 빨강, 주황, 노랑, 초록, 파랑, 남색, 보라의 색으로 펼쳐져 있어. 색깔별로 파장의 길이나 열에너지(온도)가 달라. 적외선 영역에 가까운 빨강이 파장이 길고 에너지가 적어. 자외선에 가까운 보라는 파장이 짧고 에너지가 많고. 이러한 정보가 분광기를 통해서 나타나면 별이나 은하가 어떤 원소로 이뤄졌는지를 알 수 있어. 각 원소는 고유한 파장의 빛을 방출하니까. 키르히호프와 분젠이 모든 원소가 지문처럼 고유한 스펙트럼이 가진다는 것을 밝혔잖아. 보어는 스펙트럼에 나타나는 선이 무엇을 의미하는지 규명했고. 이러한 과학적 사실로부터 별의 내부를 소상히 탐색할 수 있었어.

태양의 구성 성분은 무엇일까?

태양은 밝게 빛나는 거대한 별(항성)이야. 엄청나게 많은 빛을 방출하지. 이미 19세기에 프라운호퍼가 태양 스펙트럼에서 574개의 검은 선을 찾아냈어. 그 뒤 태양 스펙트럼에 다양한 원소의 파장이 있다는 것을 알게 되었지. 천문학자들은 이것을 분석해서 태양에 어떤 원소들이 있는지 알아내려고 했단다. 그런데 선이 너무 많아서 어떤 원소가 있는지 가려내기가 쉽지 않았어.

태양은 무엇으로 이뤄졌을까? 기원전 5세기에 그리스 자연 철학자 아낙사고라스는 태양이 철로 되어있다고 했어. 지구에 떨어진 운석을 조사해 보니 철과 암석으로 이뤄졌다는 거야. 2500년 전 이야기였지만 반대할 뾰족한 근거가 없어서 20세기까지 태양을 불타는 쇳덩어리라고 여겼어. 그런데 주기율표의 원소가 밝혀지면서 과학자들은 의심이 들었어. 철은 가장 안정된 원소거든. 빛과 열을 내는 원소가 아니라서 태양의 구성 성분으로 적합하지 않았어. 하지만 1920년대 미국의 천문학자 헨리 러셀은 태양 빛에서 탄소, 규소, 철 등 지구에 있는 무거운 금속 원소들을 찾아냈어. 그는 태양이 대부분 뜨겁게 녹은 철 성분으로 이뤄졌다고 주장했지. 분광기의 분석 결과, 태양과 철의 스펙트럼이 거의 똑같아 보였거든.

한편 영국의 케임브리지 대학에서 미국의 하버드 대학으로 유학 온 세실리아 페인이라는 여학생이 있었어. 페인은 하버드 천문대에서 레빗이 사용하던 책상에 앉아서 천문학자의 꿈을 키웠지. 그녀의 관심은 태양을 포함한 별들의 스펙트럼을 분석해서 원소를 알아내는 일이었어. 스펙트럼에서 원소를 하나씩 추정하고, 그래프에 표시하며 원소의 존재 비율을 계산했는데 놀랍게도 수소가 철보다 100만 배나 더 많다는 결과를 얻었어. 그녀는 스펙트럼을 주의 깊게 대조해보다가 러셀이 놓친 사실을 발견한 거야. 철의 스펙트럼이 우주에서 가장 간단한 원소인 수소와 헬륨의 스펙트럼을 합쳐놓은 것과 똑같았거든. 그녀는 계산을 거듭하면서 집요하게 수소와 헬륨의 흔적을 찾아냈지. 오늘날 태양의 70퍼센트는 수소이고, 28퍼센트는 헬륨, 기타 원소들이 2퍼센트를 차지한다고 알려졌잖아. 페인은 이와 비슷한 추정치로 박사 학위 논문을 발표했단다. 태양은 뜨거운 철 용광로가 아니라 수천 도까지 타오르는 수소와 헬륨 가스 덩어리라고 말이야.

그런데 당시 과학자들은 태양이 뜨거운 가스 덩어리라는 것을 납득하지 못했어. 특히 페인의 논문을 받아본 러셀은 "이건 현실적으로 불가능한 결과"라고 일축했어. 어쩔 수 없이 페인은 러셀의 권위에 짓눌려 자신의 주장을 적극적으로 내세울 수 없었지. 그래서 논문에 "태양에 존재하는 수소와 헬륨의 비율이 지나치게 높은데 이는 비현실적인 수치임이 거의 확실하다."는 문구를 넣고, 1925년에 하버드 최초의 천문학 박사 학위를 받았어.

그 후 몇 년 동안 새로 수집된 데이터에서 페인의 주장을 지지하는 결론이 계속 도출되었어. 러셀도 더 이상 수소의 존재를 부인할 수 없었지. 1929년 『천체물리학저널』에 「태양 대기의 조성에 관하여」라는 논문을 발표하고 페인의 발견을 인정했어. 그러나 자신의 과오는 하나도 언급하지 않았지. 논문 끝부분에서 "수소가 엄청나게 풍부하다는 것은 거의 의심할 수 없는 사실이다."라고만 말했어.

태양은 무엇으로 이루어져 있을까?

태양의 스펙트럼이 철의 스펙트럼과 유사하게 나타났기 때문에
20세기까지도 태양을 불타는 쇳덩어리라고 여겼다.
세실리아 페인은 주변 과학자들의 반대를 무릅쓰고
태양의 구성 원소가 수소와 헬륨임을 밝혀낸다.

세실리아 페인

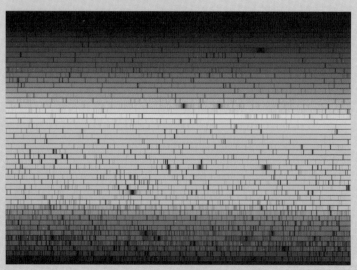

태양 스펙트럼.

그러면 태양은 어떻게 가벼운 수소와 헬륨으로 수십억 년 동안 꺼지지 않고 빛을 낼 수 있었을까? 그 비밀은 2차 세계대전 때 핵폭탄을 만들면서 밝혀졌어. 핵분열과 핵융합의 원리가 알려진 거야. 아인슈타인의 공식 $E=mc^2$ 기억나지. 핵분열과 핵융합 과정에서 떨어나간 질량이 엄청나게 큰 에너지로 변환되는 거야. 핵분열은 무거운 원소가 쪼개지는 것이고, 핵융합은 가벼운 원소가 결합하는 거야. 그렇다면 어떻게 상반된 과정에서 똑같이 에너지가 생성되는 것일까?

주기율표에서 가장 안정된 원소는 철과 니켈이잖아. 이보다 가벼운 원소들은 서로 핵융합할 때 에너지를 방출하면서 안정된 상태가 되고, 이보다 무거운 원소들은 핵분열이 일어날 때 에너지를 방출하면서 안정된 상태가 돼. 핵융합은 우주에서 가장 자연스럽고 일상적으로 일어나는 현상이야. 우주 탄생부터 지금까지 우주의 모든 별은 핵융합 반응을 통해 빛을 내고 있어. 이 과정은 우주가 사라질 때까지 계속될 거야. 우리의 태양도 핵융합 반응으로 수소를 헬륨으로 바꾸면서 엄청난 양의 에너지를 방출하고 있어.

2. 은하를 보다

안드로메다는 성운일까, 은하일까?

천문학자들은 별의 밝기와 시차를 이용해서 우리 은하를 발견했어. 은하수라고 알려진 은하는 태양계보다 훨씬 큰 별들의 무리였어. 태양계가 전부인 줄 알았는데 그게 아니었던 거야. 우리가 살고 있는 지구는 은하라는 거대한 체계 속에 있었어. 은하는 성운이라고 불리는 기체와 먼지 구름에 둘러싸여 있고, 수백 만개에서 수십 억 개에 이르는 항성(별)들로 이뤄졌어.

은하를 발견한 것은 커다란 망원경 덕분이었지. 밤하늘에는 빛나는 별들 사이로 뿌연 얼룩처럼 보이는 성운이 관찰되었어. 망원경 성능이 좋아지니까 성운은 모양이 없는 얼룩이 아니라 선명한 내부 구조를 보여 주기 시작했어. 작은 소용돌이 모양의 나선형 구조가 나타나는 거야. 도대체 성운의 정체가 무엇일까? 천문학자들은 성운까지의 거리를 잴 수 있다면 성운의 규모를 알 수 있겠다는 생각을 했지. 특히 안드로메다 성운의 정확한 위치가 미스터리였어.

안드로메다 성운은 우리 은하의 일부일까? 아니면 우리 은하 밖에 있는 독립된 은하일까? 독립된 은하라면 안드로메다 성운이 아니라 안드로메다 은하가 되겠지. 1920년에 이 문제가 천문학자들 사이에서 큰 논쟁거리였어. 미국 캘리포니아주 패서디나 부근에 윌슨산 천문대가 있었는데 그곳의 천문대 대장이었던 할로 섀플리는 안드로메다를 성운이라고 주장했어. 우리 은하가 안드로메다 성운을 비롯해서 모든 성운을 포함하는 우주 전체라고 보았던 거야. 반면에 캘리포니아주 해밀턴산에 있는 릭 천문대의 히버 커티스는 안드로메다가 은하라고 했어. 우주에는 우리 은하만 있는 것이 아니라 안드로메다 은하와 같이 다른 은하가 있다고 생각했어.

안드로메다가 성운일까, 은하일까? 이 논쟁은 인류가 우주 가운데 어디에 있는지를 알려 주는 중대한 문제였지. 우리 은하가 우주의 전부일까? 아니면 우리 은하가 우주의 극히 일부에 불과할까? 우리가 지름이 수십만 광년에 이르는 다른 은하를 바라보고 있는 것일까? 이것을 밝힐 수만 있다면 굉장한 발견이 될 터였어.

1917년에 완성된 후커 망원경은 렌즈 지름이 100인치로 당시 세계에서 가장 컸다.

새플리가 있던 윌슨산 천문대에는 당시 세계에서 가장 큰 후커 망원경이 있었어. 망원경 렌즈의 지름이 100인치(2.5미터)나 되었는데 정밀한 측정을 위해 렌즈 대신에 거울을 쓰는 반사 망원경이었어. 거울 렌즈의 무게가 너무 무거워서, 경통을 철골 구조물로 만들었단다. 밤하늘에서 쏟아져 들어온 빛은 철골 구조물의 아랫부분에 있는 오목 거울에 반사되어 한곳에 모이도록 설계되었지. 그 때문에 로웰 천문대의 망원경보다 17배나 더 많은 빛을 모을 수 있었어. 1917년에 완성된 후커 망원경은 안드로메다 논쟁을 종결시킬 증거를 찾을 수 있을지 기대를 받고 있었어.

윌슨산 천문대의 천문학자들도 논쟁 중이었어. 두 가지로 의견이 갈렸지. 대부분 천문학자들은 새플리와 같은 생각이었어.

통통한 과학책 2

우리 은하가 우주에 있는 단 하나의 은하라고 말이야. 안드로메다는 성운이고, 우리 은하의 일부이라고 믿었지. 그런데 1919년 8월에 윌슨산 천문대에 온 신참 천문학자는 그렇게 생각하지 않았어. 바로 에드윈 허블(1889~1953)이야. 허블은 법률 공부를 하다가 뒤늦게 천문학에 뛰어들었지만 카리스마가 넘치는 천문학자였어. 경험이 없는 초보 천문학자였는데도 곧바로 존재감을 드러냈어. 자신과 생각이 달랐던 천문대의 대장 새플리와 충돌하기도 했지. 그러다 새플리가 1921년에 윌슨산 천문대를 떠나 하버드 천문대로 갔어.

윌슨산 천문대와 후커 망원경은 허블의 차지가 되었어. 허블은 1923년 10월 4일 저녁, 안드로메다에서 새로운 세 개의 별을 관측했단다. 사진 건판에 별은 점으로 찍혀 나와. 밝게 빛나는 별은 진하게 찍히고, 어두운 별은 희미하고 옅게 보이지. 후커 망원경이 어찌나 성능이 좋은지, 다른 망원경으로 볼 수 없었던 성운까지 찍힌 거야. 이 망원경은 1만 5000킬로미터 밖에 있는 촛불도 감지할 수 있을 정도였거든. 허블은 자신이 발견한 새로운 별 옆에 New라는 뜻으로 'N'이라고 써 놓았지. 그러고 나서 사진 건판 도서관에 가서 이전의 성운 사진과 비교해 보았어. 두 개의 점은 분명히 새로운 신성으로 확인되었는데 세 번째 점은 신성이 아니라 세페이드 변광성이었어. 허블은 바로 N을 지우고 변광성을 뜻하는 VAR을 써넣었지. 헨리에타 레빗의 세페이드 변광성이라니! 일생일대의 발견을 한 거야. 레빗은 1921년에 죽었지만 그녀의 법칙은 남아 있었어. 허블은 레빗의 법칙을 이용해서 변광성까지의 거리를 측정할 수 있었지.

새로운 세페이드 변광성은 31.4151주기로 밝기가 변했어. 이 주기를 가지고 진짜 밝기를 계산해 보니까 이 변광성은 태양보다 7000배나 더 밝았어. 이 변광성을 포함하는 안드로메다 성운까지의 거리를 추정해 보니 지구에서 90만 광년이나 떨어져 있는 거야. (오늘날에는 안드로메다 은하와 우리 은하 사이의 거리가 250만 광년 떨어져 있다고 밝혀졌어.) 우리 은하의 지름은 대략 10만 광년이거든. 그러면 안드로메다는 절대로 우리 은하에 포함될 수가 없지. 안드로메다는 성운이 아니라 우리 은하 밖에 있는 다른 은하였던 거야.

이렇게 대논쟁은 허블이 안드로메다에서 세페이드 변광성을 발견함으로써 끝이 났어. 만약에 레빗의 법칙이 없었다면 허블의 관측도 소용없었겠지. 허블은 이 위대한 발견으로 천문학계에서 스타 천문학자가 되었어. 한 고독한 여성 과학자 덕분에 천문학이 한 걸음 발전했고, 우주가 우리가 생각했던 것보다 훨씬 크다는 것을 알게 되었단다.

아인슈타인과 르메트르의 논쟁

한편 1905년에 아인슈타인은 빛의 속도가 불변이라는 법칙을 발견했어. 빛의 속도는 우주 상수로서 항상 일정하다는 거야. 이러한 광속 불변의 법칙은 시간과 공간에 영향을 미쳐. 속도는 물체가 이동한 거리를 시간으로 나눈 값이잖아. 이것은 속도가 시간과 공간을 연결하고 있다는 뜻이지. 우리는 그동안 시간과 공간이 변하지 않는다고 생각했어. 뉴턴은 고전역학에서 절대 시간과 절대 공간을 가정했지. 시간과 공간을 기준으로 놓고 속도가 변한다고 본 거야. 그런데 아인슈타인은 빛의 속도가 불변이니까 시간과 공간이 상대적이고 변해야 한다고 말했어. 사람들은 시간과 공간이 변형될 수 있다는 생각에 충격을 받았지. 일상적인 경험에서 일어날 수 없는 일이니까.

아인슈타인은 1916년에 일반 상대성 이론을 발표했어. 그의 이론에 의하면 중력은 시공간이 만든 힘이었어. 태양이나 지구와 같은 무거운 물체는 주변의 시공간을 구부러지게 만드는 거야. 가령 태양이 만든 시공간을 고무판 위에 올려놓은 볼링공으로 상상할 수 있어. 고무판이 시공간이고 볼링공은 태양이야. 볼링공의 무게 때문에 고무판이 깊은 웅덩이를 만들겠지. 여기에 작은 구슬을 던지면 구슬은 볼링공 쪽으로 굴러갈 거야. 구슬을 지구라고 한다면 태양에 의해 구부러진 시공간을 따라 움직이고 있는 거지.

뉴턴은 중력을 두 물체 사이에 작용하는 끌어당기는 힘이라고 했는데 중력의 원인이 무엇인지는 몰랐어. 아인슈타인은 일반 상대성 이론으로 중력이 작용하는 원인을 밝힌 거야. 우주에서 무

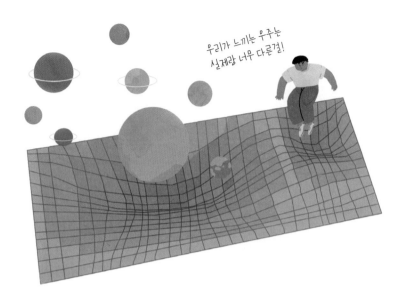

거운 물체인 태양과 같은 별이 주위의 시공간을 휘어지게 만들었어. 그 주위의 지구와 같은 행성은 경사면을 따라 흘러가는 것일 뿐인데 서로 끌어당기는 것처럼 보였던 거야. 아인슈타인은 방정식으로 물체 주변에 중력장이 형성된다는 것을 보여 주었어. 그런데 누구도 이것을 믿으려고 하지 않았지. 시공간이 기하학적 모양을 가지고, 그것도 물체에 따라 다른 시공간을 가진다는 것을 이해할 수 없었거든.

아인슈타인은 고심 끝에 이를 증명할 방법을 찾아냈어. 별빛이 태양을 지날 때 휘어지는 것을 관측해서 시공간의 왜곡을 증명하는 거야. 보통 때는 강한 태양 빛 때문에 별빛을 관측할 수 없어. 달이 태양 빛을 가려서 깜깜해지는 일식 때나 별빛을 볼 수 있

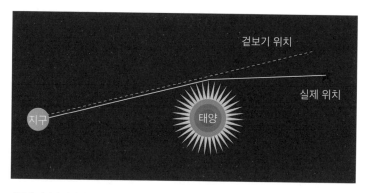

태양에 가려진 별의 겉보기 위치가 달라진 것은 태양의 중력 때문이다.

지. 영국의 천문학자 아서 에딩턴은 아인슈타인이 예측한 것을 확인해 보았어. 1919년 개기 일식이 일어날 때 어두워지는 잠깐 동안 태양 근처에 보이는 별빛의 위치를 정밀하게 기록한 거야. 놀랍게도 태양 근처에서 별빛이 똑바로 가지 않았어. 태양을 중심으로 형성된 시공간을 따라 별빛이 휘어졌지. 아인슈타인의 예측이 적중한 거야. 이렇게 일반 상대성 이론이 검증되고, 물리학자들은 뉴턴의 중력이 아니라 아인슈타인의 중력을 받아들이게 되었어.

그런데 일반 상대성 이론을 우주 전체에 적용했더니 이상한 결과가 나오는 거야. 우주가 대단히 불안정했어. 중력 때문에 우주의 모든 물체가 서로 잡아당겨서 파국을 맞이했어. 여러 개의 볼링공이 있는 고무판을 상상해 보자. 각각의 볼링공은 깊은 웅덩이를 만들겠지. 두 개가 서로의 웅덩이로 굴러갈 것이고, 더 깊은 웅덩이가 만들어질 거야. 마침내 그 웅덩이가 다른 공들까지 끌어들이겠지. 결국 거대한 하나의 웅덩이로 빠져 버리는 종말이 그려질 거야. 이렇게 우주는 스스로를 파괴시키는 운명이었어. 아인슈타인은 이 우주의 운명을 도저히 받아들일 수가 없었지. 그는 우주가 고요하고 영원하고, 변함없다고 생각했거든.

아인슈타인은 고심 끝에 자신의 중력 법칙에 우주 상수를 포함시켰어. 모든 별이 중력에 대항하는 반발력을 가지도록 인위적으로 우주 상수를 만들어 넣은 거야. 정적이고 영원한 우주를 얻어 내기 위한 임시방편이었지. 우주학자나 천문학자들은 아인슈타인의 우주 상수에 만족했어. 많은 과학자들은 우주가 변하지 않는다고 믿었거든. 그런데 천재의 아이디어인 우주 상수에 반대하는 과학자가 나타났어. 러시아의 천문학자 알렉산드르 프리드만은 수학적 기법을 이용해서 우주가 팽창할 수 있다는 것을 보여 주었어. 하지만 안타깝게도 프리드만은 러시아의 정치적 혼란기에 자신의 이론을 제대로 펼치지 못하고 일찍 죽고 말았지. 아인슈타인은 그의 이론을 알았지만 수학적 모형에 불과하다고 생각했어.

아인슈타인에게 반기를 든 천문학자가 또 한 명 나타났어. 벨기에의 신부이며 천문학자였던 조르주 르메트르(1894~1966)는 팽창하는 우주 모델을 독자적으로 재발견했어. 아인슈타인의 우주 상수를 버리고 프리드만이 추론한 결과에 도달한 거야. 그는 우주는 아주 작은 것에서 폭발해서 시간이 지남에 따라 진화했다고 결론지었어. 1927년에 르메트르는 「원시 원자에 대한 가설」이라는 논문을 발표하고는 아인슈타인을 만나기 위해 브뤼셀에서 열린 솔베이 학회에 참석했어. 학회가 끝나고 아인슈타인을 기다렸다가 자신의 우주 모델을 설명했지. 그랬더니 아인슈타인은 이미 프리드만을 통해 알고 있다고 말했어.

르메트르는 이때 프리드만 이야기를 처음 들었어. 자신과 같은 주장을 한 과학자가 있었다는 것에 놀랐지. 그 자리에서 아인슈타인은 르메트르의 이론을 묵살하려고 들었어. "당신의 계산은 정확합니다. 그러나 당신의 물리는 끔찍합니다." 이렇게 르메트르의 가슴에 대못을 박는 말까지 했어. 결과는 더 치명적이었어. 결정적인 증거가 없는 상황에서 아인슈타인의 말 한마디에 물리학자들이 르메트르에게 등을 돌렸으니까. 르메트르는 여전히 우주가 팽창한다고 믿었지만 더 이상 연구를 진전시킬 수 없었어. 과학계는 아인슈타인의 권위에 따르고 있었거든. 나중에 아인슈타인은 이 일을 후회했다고 해. "권위에 대한 도전으로 고통을 받던 내가 어느새 권위가 되어 버렸구나." 하고 말이야.

우주는 팽창한다

우주는 변하지 않고 영원할 것처럼 보이잖아. 아주 오래전부터 우리는 직관적으로 그렇게 생각해 왔지. 천재였던 아인슈타인마저 우주가 쪼그라들거나 부풀어 오른다는 상상을 하지 못했어. 이 논쟁적인 문제를 어떻게 해결했을까? 해결의 실마리는 레빗의 법칙에서부터 시작되었어.

1920년대 거대한 망원경과 고감도의 사진 건판, 그리고 분광 기술이 별빛을 정밀하게 측정해 주었어. 모든 별은 빛을 뿜어내는데 그 빛이 조금씩 달랐어. 어떤 별은 붉은색을, 어떤 별은 노란색을 띠는 거야. 그 별이 어떤 색, 어떤 파장을 내뿜는지를 알아내면 많은 정보를 알 수 있었어. 별빛이 지구를 향해서 온다고 할 때 빛의 속도는 변하지 않아. 빛의 속도는 일정하니까. 하지만 빛의 파장은 스펙트럼에서 붉은색이나 푸른색 쪽으로 이동할 수 있어. 붉은색 쪽으로 이동하면 에너지가 감소하고 파장이 길어지며, 반대로 푸른색 쪽으로 이동하면 에너지가 증가하고 파장은 짧아지는 거야. 파장이 한쪽으로 치우치는 것을 '편이'라 하고, 적색 편이 또는 청색 편이라고 불렀어.

허블은 1923년 안드로메다가 성운이 아니라 은하라는 걸 발견했잖아. 그는 안드로메다 은하뿐만 아니라 다양한 다른 은하를 관측했어. 그런데 지구에서 멀리 떨어져 있는 은하들은 한결같이 붉은빛을 띠고 있었어. 스펙트럼을 조사했더니 아니나 다를까, 붉은색 쪽으로 치우치는 적색 편이가 일어났지. 붉은빛은 푸른빛보다 파장이 기니까, 별빛이 지구에 도달하는 동안 파장이 길어졌다는 뜻이야.

적색 편이. 지구에서 멀리 떨어진 은하들은 모두 붉은빛을 띤다.

왜 이렇게 적색 편이가 일어나는 것일까? 허블은 여러 은하
에서 방출하는 빛의 스펙트럼을 분석해서 적색 편이가 일어나는
정도를 측정했어. 그러고는 세페이드 변광성을 찾아서 거리를 측
정하고, 거리와 적색 편이가 어떤 관계에 있는지 그래프를 그려 보
았어. 그랬더니 1차 함수 관계가 나타났어. 거의 모든 은하가 특정
기울기를 가진 일직선 근처에 모여 있었던 거야. 거리가 멀어지면
적색 편이의 정도가 커졌어. 이것은 멀리 있는 은하일수록 적색 편
이가 크게 나타난다는 뜻이야. 빛의 파장이 길어진다는 것인데, 지

구에 도달할 때까지 먼 거리를 이동할수록 빛의 파장은 더 많이 늘어났어. 은하와 지구 사이의 공간이 점점 더 멀어진다면 빛의 파장이 늘어나는 거겠지. 허블은 우주의 공간이 점점 멀어진다는 것으로부터 우주가 팽창한다는 결론을 얻었어. 빛의 파장이 공간과 함께 늘어나서 적색 편이가 일어났으니까. 가장 멀리 있는 은하가 가장 붉은색을 띠고 있었거든.

1929년에 허블은 이 그래프를 담아 논문을 발표했어. 그 뒤 2년 동안 20배 먼 은하들을 측정해서 또 다른 논문을 썼지. 이 논문에 실린 그래프를 가지고, 은하의 속도와 거리 사이에 비례 관계가 있다는 허블의 법칙을 내놓았어. 허블의 그래프에 나타나는 직선의 기울기는 허블의 상수로 불리게 되었지. 1931년 논문에서 발표한 허블 상수의 값은 558km/s Mpc였어. 여기서 Mpc, 즉 메가파섹은 지구에서 은하 사이의 거리를 광년으로 나타낸 단위인데 1Mps은 약 330만 광년이야. 지구로부터 330만 광년 떨어진 은하는 초속 558킬로미터로 지구에서 멀어진다는 뜻이지.

이 허블의 상수를 가지고 역수를 취하면 우주의 나이를 구할 수 있어. 속도는 거리를 시간으로 나눈 값이니까, 시간은 거리를 속도로 나누면 되거든. 우주가 팽창하는 속도를 거꾸로 돌려서 우주의 시간이 얼마나 되었는지 알 수 있지. 당시에 허블은 18억 년 전 쯤에 우주가 팽창하기 시작했다고 계산했어. 허블 상수는 계속 수정되었지. 오늘날에는 68km/s Mpc로 밝혀졌어. 당시의 계산

우주가 팽창한다는 증거

허블은 여러 은하에서 방출하는 빛의 스펙트럼을 분석해서
적색 편이가 일어나는 정도를 측정했다.
그러고는 세페이드 변광성을 찾아서 거리를 측정하고,
거리와 적색편이가 어떤 관계가 있는지 그래프를 그렸다.

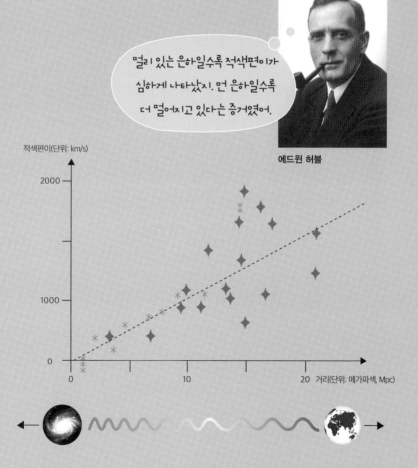

멀리 있는 은하일수록 적색편이가
심하게 나타났지. 먼 은하일수록
더 멀어지고 있다는 증거였어.

에드윈 허블

은 틀릴 수밖에 없었지만, 우주가 팽창한다는 사실로부터 우주의 기원을 추적했다는 것은 놀라운 일이야. 우리 은하 밖에 다른 은하가 있다는 것도 받아들이기 힘든데 더 획기적인 사실을 제시했으니까.

적색 편이는 20세기 초부터 알려졌지만 이 현상을 천문학에 적용해서 우주의 팽창을 밝힌 사람은 허블이었어. 그는 드넓은 우주를 측량해서 관측 가능한 우주 공간을 넓혀 놓았지. 결과적으로 우주가 변함없다는 기존의 통념을 완전히 뒤집었어. 이제 과학자들은 우주가 역동적으로 진화한다는 것을 인정할 수밖에 없었지. 1931년 아인슈타인은 대서양을 건너서 윌슨산 천문대를 방문했어. 거대한 후커 망원경과 허블의 관측 자료를 눈으로 직접 확인했지. 그는 기자 회견을 열어서 자신이 틀리고 프리드만과 르메트르가 옳았다고 발표했어. 우주 상수를 추가한 것이 일생일대의 실수였다고 말이야. 이렇게 우주론의 새 시대가 열리고 있었단다. 바야흐로 1930년대에 현대 천문학이 시작된 거야.

3. 빅뱅을 보다

우주가 5분 만에 만들어졌어

결국 아인슈타인이 마음을 바꾸었어. 팽창하는 우주론을 공식적으로 인정했고, 우주가 폭발하면서 생겨났다는 빅뱅 우주론의 지지자가 되었지. 1933년에 윌슨산 천문대에서 아인슈타인과 허블은 세미나를 개최했어. 발표자는 르메트르였어. 최고의 천문학자와 우주학자들 앞에서 발표하는 것이 감개무량했을 거야. 그는 빅뱅 모델을 불꽃놀이에 비유해서 설명했어. "모든 것의 최초에 상상할 수 없을 만큼 아름다운 불꽃놀이가 있었습니다. 그런 후에 폭발이 있었고, 폭발 후에는 하늘이 연기로 가득하게 되었습니다. 우리는 우주가 창조된 생일의 장관을 보기에는 너무 늦게 도착했습니다."

르메트르가 이렇게 표현했지만 빅뱅을 상상하기란 쉽지 않아. 흔히 빅뱅이라고 하면 아주 작은 덩어리가 폭발하면서 내용물이 사방에 흩어지는 광경을 떠올리는데 그건 틀린 생각이야. 빅뱅의 순간에 공간도 탄생했거든. 빅뱅이 공간의 한 지점에서 일어난 것처럼 생각하면 안 돼. 우주의 모든 곳에서 빅뱅이 동시에 일어나서 시공간과 물질을 만들었으니까. 빅뱅으로부터 탄생한 우주는 꾸준히 팽창해서 현재에 이르게 된 거지.

그러면 빅뱅이 어떻게 일어났을까? 빅뱅 모델이 인정받기 위해서는 해결해야 할 문제가 많았어. 왜 어떤 물질이 다른 물질보다 많이 있을까? 예를 들어 왜 우주에는 수소가 많고 지구에는 철이 많을까? 이런 우주의 물질이 어떻게 처음에 만들어진 것일까? 과학자들은 빅뱅 모델을 과학적으로 증명하는 데 어려움을 겪었어. 너무나 방대한 시나리오였으니까. 과학자들이 손에 쥐고 있는 것은 두 가지 뿐이었지. 하나는 허블이 관측한 자료이고, 또 하나는 여성 과학자 페인이 밝혀낸 수소와 헬륨의 양이었어. 당시 1930년대는 원자핵물리학에서 양성자, 중성자, 전자를 찾아내고 있었어. 1940년대에 이르면 원자핵을 분열해서 핵폭탄을 개발했는데 이러한 핵물리학이 천체물리학을 발전시켰어.

조지 가모브(1904~1968)는 러시아 출신의 물리학자였어. 그는 1933년에 공산화된 소련을 탈출해서 미국으로 망명했지. 제2차 세계대전이 터지고 미국에 있는 대부분의 물리학자는 맨해튼 프로 젝트에 합류했어. 하지만 가모브는 소련에서 장교로 근무한 전력 이 있어서 핵폭발 개발에서 제외되었지. 그는 조지 워싱턴 대학에 서 아무도 관심을 두지 않았던 빅뱅 우주론을 연구했어. 빅뱅은 어 떻게 현재 우리가 관측하는 원자를 만들었을까? 가모브는 아주 뜨 겁고 밀도가 높은 우주의 씨앗을 상상했어. 양성자와 중성자, 전자 가 버무려진 원시 물질이 있었는데 이것으로부터 기본적인 입자들 이 결합해서 오늘날 원자핵이 형성되었다고 생각한 거야.

가장 단순한 원자, 수소가 제일 먼저 생겨났을 거야. 그다 음에 수소가 뭉쳐서 헬륨이 되고, 이렇게 핵융합이 일어나서 무거 운 원소들이 만들어졌다고 예측했어. 이렇게 가모브는 원자핵 반 응을 계산하려고 애썼지만 결과를 얻지 못했어. 그는 위대한 물리 학자였지, 뛰어난 수학자는 아니었거든. 계속 수학에서 막히는 거 야. 가모브는 1945년에 수학적 재능이 있는 랠프 앨퍼(1921~2007) 를 박사 과정 학생으로 받아들였어. 앨퍼에게 원자핵 합성 문제를 연구하도록 시킨 거야. 초기 우주에서는 온도, 에너지, 시간이 모 두 문제였거든. 우주의 온도가 너무 높으면 양성자와 중성자의 운 동이 너무 빨라서 결합이 안 되고, 온도가 너무 내려가면 양성자와 중성자가 핵융합을 할 수 있는 빠른 속도를 가질 수가 없었으니까. 가모브와 앨퍼는 빅뱅의 수학적 모델을 만드느라 꼬박 3년을 보냈 어. 초기 우주의 조건에 원자핵물리학을 적용해서 시간이 지남에 따라 우주가 어떻게 진화하는지, 정교한 시나리오를 구상하기 위해서였지. 그들은 빅뱅 이론으로부터 우주에 존재하는 수소와 헬륨의 양을 예측하고 오늘날 관측한 값과 비교했어. 그 과정에서 계산하고, 가정을 다시 검토하고, 고치고, 결과를 다듬는 일을 수없이 반복했어. 마침내 결론을 얻었는데 수소와 헬륨을 만든 원시 원자핵의 합성이 300초, 단 5분 만에 이뤄졌다는 거야.

가모브와 앨퍼는 이것을 「화학 원소의 기원」이라는 논문에 써서 발표했어. 그 논문은 1948년 4월 1일에 출간될 예정이었는데 그날은 공교롭게도 만우절이었어. 괴짜 물리학자였던 가모브는 장난기가 발동해서 저자의 이름을 알파, 베타, 감마로 하자고 했어. 별 내부의 핵반응을 발견한 가모브의 친구, 한스 베테를 공저자에 넣자는 거야. 앨퍼는 알파, 베테는 베타, 가모브는 감마로 나타낸 거지. 사실 앨퍼에게는 마땅치 않은 일이었어. 가뜩이나 유명한 가모브나 베테에 가려서 자신의 업적이 드러나지 않을 것이 뻔했으니까. 그런데 어쩔 수 없었어. 이미 가모브가 논문을 투고하고 말았지.

이 논문은 우주론에서 빅뱅 이론을 과학적으로 검증한 최초의 성과였단다. 1948년 4월 14일에 〈워싱턴 포스트〉는 "세상이 5분 만에 만들어졌다."고 보도했어. 예상한 대로 앨퍼의 이름은 공동 저자인 가모브와 베테의 유명세에 묻혔어. 물리학자들은 그 논문을 읽고 가모브와 베테가 문제를 해결한 것이라고 생각한 거야.

통통한 과학책 2

빅뱅 이론의 탄생

가모브와 앨퍼는 초기 우주의 조건에 원자핵물리학을 적용해서
시간이 지남에 따라 우주가 어떻게 진화하는지, 정교한
시나리오를 구상한다. 우주에 존재하는 수소와 헬륨의 양을
예측하고, 오늘날 관측한 값과 비교하고 결과를 다듬는 일을
수없이 반복하여 빅뱅 이론을 발표한다.

아주 뜨겁고 밀도가 높은
우주의 씨앗을 상상했어.

수소와 헬륨을 만든 원시 원자핵의
합성이 300초, 단 5분 만에
이루어졌다는 결론이 나왔지.

우주가
빵 터졌다고요(Big Bang)?
정말 말도 안 돼.

조지 가모브

랠프 앨퍼

프레드 호일

가모브는 장난이었겠지만 스물일곱 살의 앨퍼에게는 뼈아픈 현실이었지. 앨퍼가 빅뱅 이론에 큰 기여를 했는데 정당하게 평가받지 못하고 말았어.

한편 핵폭탄 개발에 참여했던 엔리코 페르미는 초기 우주의 원소량을 계산해서 발표했어. 그것은 가모브와 엘프가 계산한 수소와 헬륨의 핵반응 예측치와 같았지. 문제는 수소와 헬륨의 핵이 만들어진 다음이었어. 헬륨보다 무거운 원소가 만들어지는 방법을 찾을 수가 없었던 거야. 이때 앨퍼는 로버트 하먼이라는 동료를 만나서 공동 연구를 시작했어. 빅뱅 이론을 다각적으로 검토하다가 새로운 사실을 찾아냈지. 빅뱅의 증거가 되는 빛이 우주에 남아 있을 거라고 예측한 거야.

빅뱅 이후 5분 동안 수소와 헬륨의 핵이 생겼지만 아직 전자와 결합을 못 해서 원자를 이루지는 못했어. 왜 그럴까? 온도가 너무 높아서야. 미쳐 날뛰는 것처럼 빠르게 움직이는 전자를 원자핵이 잡아 둘 수가 없었거든. 우주는 이렇게 원자핵과 전자가 분리되어 있는, '플라스마' 상태였어. 우주에는 또 하나의 구성 성분이 있었지. 바로 빛이야. 전자기파나 광자로 알려진 빛은 원자핵과 전자 사이에서 전자기력이라는 힘을 전달하잖아. 이러한 빛은 전자와 같이 전하를 띤 입자와 쉽게 상호 작용하는 성질이 있거든. 그러니 초기 우주는 전자와 빛이 서로 얽혀 있고, 전자와 원자핵은 서로 튕겨 내는 정신없는 상황이었어.

앨퍼와 하먼은 시간이 지나고 우주가 팽창하면 이 플라스마 상태에 어떤 일이 일어날지를 연구했어. 우주가 팽창하면서 부피가 커지고 플라스마는 점점 식어 가겠지. 어느 시점에 이르면 전자가 원자핵과 결합하는 때가 올 거야. 그때가 언제일까? 앨퍼와 하먼은 빅뱅 이후 30만 년이 지나서 우주의 온도가 섭씨 3000도 정도로 떨어지게 되면 수소와 헬륨이 원자가 될 것이라고 추정했어. 음전하를 띤 전자와 양전하를 띤 원자핵이 결합한 원자는 중성이잖아. 우주가 중성 입자로 가득 차면 환경이 극적으로 바뀌게 돼. 전자와 뒤엉켜 있던 빛이 해방되는 거야. 빛이 아무런 방해도 받지 않고 자유롭게 움직이면서 우주가 갑자기 밝아졌어. 플라스마 시기가 끝나고, 원자핵과 전자를 이어 주고 남은 빛은 우주 공간으로 구석구석 퍼져 나갈 수 있었지.

우주가 식고 팽창하면서 빛의 파장은 점점 늘어날 거야. 그 빛이 바로 빅뱅의 유산이었어. 앨퍼와 하먼은 그 빛이 우주의 배경처럼 깔려서 어느 곳에서나 관측될 수 있다고 생각했어. 빅뱅의 메아리, '우주 배경 복사'를 예측한 거야. 파장의 길이가 1mm 정도인 마이크로파가 우주를 가득 채우고 있다고 말이야. 알파베타감마의 논문이 출판된 후에 앨퍼와 하먼의 연구도 몇 달 만에 완성되었지. 알파베타감마 논문만큼이나 빅뱅 이론에서 엄청난 논문을 1948년에 발표한 거야.

그런데 그들의 연구는 완전히 무시되었어. 아무도 그들이 제기한 우주 배경 복사에 관심을 보이지 않았어. 가모브와 앨퍼, 하먼은 더 이상 빅뱅 이론을 연구할 수 없는 상황이었어. 하는 수 없이 1953년에 그때까지의 연구를 종합하고 연구 프로젝트를 끝냈지. 세 사람은 빅뱅 연구에서 손을 떼고 뿔뿔이 흩어지고 말았어. 가모브는 DNA 화학과 관련된 연구로 방향을 바꾸었고, 앨퍼와 하먼은 대학을 떠나 각각 제너럴 일렉트릭사와 제너럴 모터스 연구소에 취직했단다.

이렇게 빅뱅 우주론과 우주 배경 복사는 냉대를 받고 있었지. 천문학에서 비주류였던 거야. 많은 천문학자들은 빅뱅을 의심했고, 여전히 영원한 우주 모델에 매달리고 있었어. 영국의 천문학자 프레드 호일(1915~2001)은 가모브의 빅뱅 우주론을 공개적으로 비판했어. 그는 케임브리지 대학에서 토머스 골드와 허먼 본디를 만나서 우주론의 새로운 모델을 만들었어. 우주는 팽창하기는 하지만 영원하고 변화하지 않을 수 있다고 생각한 거야. 허블의 멀어지는 은하와 영원한 우주를 절충해서 '정상 우주 모델'을 만들었어.

1946년 호일과 골드, 본디는 미국의 가모브와 앨퍼, 하먼처럼 공동 연구를 해서 정상 우주론을 발표했어. 언뜻 보면 그들의 새로운 우주 모델은 앞뒤가 안 맞는 것처럼 보여. 우주가 팽창한다는 것은 변화를 뜻하잖아. 그런 팽창하는 우주가 어떻게 변함없이 영원할 수 있을까? 변하면서 불변한다니, 말이 안 되는 이야기 같지만 우리 주위를 돌아보면 찾을 수 있어. 예를 들어 흐르는 강물은 역동적이면서도 변하지 않는 것처럼 보이지. 하늘에 떠 있는 구름도 끊임없이 수증기가 더해지지만 전체 모양은 유지되고 있어. 내 몸의 모든 세포는 새로운 세포로 대체되지만 나는 같은 사람으로 남아 있잖아.

호일과 골드, 본디는 여기에서 아이디어를 얻었어. 우주가 팽창하면서 넓어진 공간 사이에 새로운 물질이 창조되어, 그 빈 공간을 채운다는 거야. 그러면 우주의 전체적인 밀도는 일정하게 유지되겠지. 우주는 성장하고 팽창하지만 전체적으로는 변하지 않는 것처럼 보일 거야. 우주의 크기는 무한대니까 두 배, 세 배 팽창하더라도 무한히 크겠지. 우주에서 어디에 있든, 우주는 근본적으로 똑같다는 거야. 허블이 우주가 팽창한다는 것을 발견했지만 우주는 변함없고 영원한 것처럼 보였으니까. 천문학자들은 호일의 정상 우주론을 많이 지지했어.

정상 우주론과 빅뱅 우주론이 팽팽히 맞서고 있었어. 특히 호일은 대중 매체에 나와서 강연을 잘했어. 언어의 마술사라고 할 정도로 입심이 좋았지. 그는 1950년 영국의 BBC 라디오 방송에 나와서 빅뱅 우주론을 신랄하게 비판했어. "저는 우주가 빵 하고 터져서 생겼다는, 빅뱅(Big Bang) 아이디어가 정말 탐탁지 않아요."

이렇게 '빅뱅'이라는 단어는 호일이 처음 사용한 거야. 빅뱅을 비난하려다가 아주 좋은 이름을 붙여 주었지. 호일이 빅뱅이라고 하기 전에는 '역동적으로 진화하는 우주 모델'이었거든. 빅뱅 우주론이 훨씬 입에 착 붙지. 호일은 얼결에 빅뱅 우주론에 기여했는데, 이것 말고 또 중요한 발견을 했어.

빅뱅 우주론은 수소와 헬륨이 생성되는 것을 설명했지만, 탄소와 같은 무거운 원소가 만들어지는 과정을 밝히지 못했어. 지구와 행성, 별에는 주기율표에 나오는 92종의 원소가 골고루 나오잖아. 그중에 생명 활동에 가장 필수적인 원소는 탄소야. 호일은 정상 우주론을 입증하기 위해 탄소를 찾아 나섰어. 탄소는 우주에서 어떻게 만들어졌을까? 호일은 우주가 팽창하면 그 빈 공간에 별과 은하가 새롭게 탄생한다고 했잖아. 내부의 밀도를 높여야 하니까. 우주의 초기에 태어난 별들이 죽고, 새로운 별이 탄생하기를 반복하면서 우주가 진화하겠지. 이 과정에서 탄소가 만들어진다고 생각한 거야.

호일은 별의 일생을 추적했단다. 모든 별은 기체 구름에서 탄생해서 죽을 때까지 변화를 겪거든. 별의 수명과 운명은 질량이 좌우하고 있어. 호일은 작은 별, 중간 별, 큰 별로 나눠서 태어나고 죽을 때까지 각 단계별로 원자핵의 합성이 어떻게 일어나는지를 계산했어. 정말 여러 해 동안 있는 힘을 다해서 연구했지. 그러다 굉장히 중요한 사실을 발견했어. 나중에 별의 일생에서 자세히 이야기하겠지만 아주 거대한 별, 초신성이 죽음을 맞이할 때 격렬하게 폭발하면서 무거운 원소들이 만들어진다는 거야. 여기서 끝이 아니지. 별이 죽으면서 만들어진 무거운 원소는 우주 공간에 뿌려져. 그 별의 잔해가 우주에 떠 있다가 뭉쳐서 다시 새로운 별을 형성한다는 거야.

초기 우주에서 가장 먼저 생성된 원소는 수소와 헬륨이잖아. 갓 태어난 별은 수소가 헬륨으로 바뀌는 핵융합 과정이 활발하게 일어나. 그 1세대 별은 일생의 마지막 단계에서 탄소를 핵반응으로 생산해. 죽어 가는 별이 폭발하면서 탄소는 우주 공간으로 퍼져 나가지. 그다음에 태어나는 2세대 별은 탄소를 가지고 있어. 다시 2세대 별이 죽을 때가 되면 탄소보다 더 무거운 원소가 만들어져. 이렇게 별들이 세대를 거듭하면서 무거운 원자핵의 합성이 일어난다는 거야. 호일은 이러한 연구를 1957년에 「별의 원소 합성」이라는 논문으로 발표했어. 이것은 정상 우주론을 지지하는 것처럼 보였지. 멀어져 가는 은하 사이에서 별들이 탄생하고, 이 과정에서 무거운 원소가 만들어진다는 것을 밝혔으니까. 하지만 호일의 연구는 빅뱅 우주론에 도움을 주었어. 빅뱅 이후 우주 진화의 시나리오를 완성해 주었거든. 원자핵 합성을 완전히 규명한 덕분에 오히려 빅뱅 우주론이 인정받는 데 기여했단다. 가모브도 호일의 업적을 인정하고 고마워했다고 해.

우주 배경 복사의 관측

빛은 다양한 영역대의 파장을 방출하잖아, 그중에서 우리가 가장 많이 사용하는 것은 전파일 거야. 전파는 파장이 0.1밀리미터 이상으로 길어서 장애물의 방해를 받지 않고 멀리까지 전달되거든. 온도를 가진 물체는 여러 파장을 방출하니까 당연히 별에서도 전파가 나오겠지. 1933년 미국의 벨 연구소에 연구하던 칼 잰스키가 우주에서 오는 전파를 최초로 관측했어. 우리 은하가 전파를 내고 있다는 것을 발견했지. 그의 성공은 전파천문학이라는 새로운 분야를 열었어. 전파 망원경, 전파 천문대, 전파 천문학자가 생겨났어. 1960대에 와서 전파천문학은 빅뱅과 정상 우주론의 논쟁을 마무리할 결정적인 증거를 찾았단다.

아노 펜지어스(1933~)와 로버트 윌슨(1936~)은 벨 연구소에서 연구하는 젊은 전파천문학자였어. 펜지어스는 1961년에 컬럼비아 대학 물리학과에서 박사 학위를 받자마자 벨 연구소에 입사했어. 2년 뒤에 윌슨은 나팔 모양의 전파 안테나를 연구하려고 벨 연구소에 들어왔지. 이 둘은 전파 안테나로 우주의 다양한 전파원을 찾기 위해 사전에 잡음을 잡아내는 작업을 하고 있었어.

우리가 라디오 방송을 들으려고 다이얼을 돌리면 잡음이 들리잖아. 직직거리는 소리 말이야. 특히 전파천문학에서는 저 멀리 은하에서 오는 전파 신호가 매우 약하기 때문에 잡음이 골칫거리였어. 잡음이 강하면 신호가 묻혀 버리니까, 일단 잡음이 나오는 원인을 파악해서 줄이거나 없애는 일이 중요했지. 펜지어스와 윌슨은 은하가 없는 곳부터 전파 망원경으로 조사를 시작했는데 이상하게 잡음이 감지되는 거야. 이쪽, 저쪽 어느 곳을 향해도 잡음이 계속 들렸어. 주변에 강한 전파원이 있나 의심이 되었지. 그래서 뉴욕 방향으로 망원경을 돌려 보았어. 더 큰 잡음이 잡힐 거라고 예상했는데 똑같은 잡음이 잡히는 거야. 이 잡음은 망원경 방향을 바꿔도, 관측 시간을 바꿔 보아도 항상 똑같았어.

펜지어스와 윌슨은 전파 망원경에 문제가 있는 줄 알고 모든 부품을 뜯어서 점검했어. 접촉이나 수신기 배열이 불량인가 했더니 전혀 문제가 없었지. 가만 보니 안테나 안쪽에 비둘기 한 쌍이 둥지를 틀어 놓은 거야. 안테나 표면에 비둘기 똥이 쌓여 있는 것을 보고, 비둘기를 잡아서 새장에 넣어 50킬로미터 떨어진 뉴저지주의 벨 연구소로 보내 버렸지. 그런데 비둘기는 귀소 본능이 있어서 안테나로 돌아왔어. 펜지어스는 비둘기를 붙잡아 총으로 죽일 수밖에 없었어. 이렇게 펜지어스와 윌슨은 거의 1년 동안 잡음의 원인을 찾는 데 엄청난 노력과 시간을 들였어. 하지만 모두가 헛수고였지. 이 잡음은 멈추지 않고 모든 방향에서 언제나 들려왔어.

펜지어스는 천문학회에서 우연히 만난 천문학자에서 잡음 문제를 이야기했어. 그랬더니 그 친구가 프린스턴 대학의 물리학과에 문의해 보라는 거야. 프린스턴 대학의 로버트 디키와 그의 동

이 소리가 138억 년 전
우주가 시작될 때
생긴 거라네.

료들이 찾고 있는 것이 바로 그 잡음이었거든. 디키는 빅뱅 우주론을 연구하다가 우주 배경 복사를 발견했어. 앨퍼와 하먼이 15년 전에 예측했던 바로 그 우주 배경 복사 말이야. 과학계는 그들을 완전히 잊고 있었지. 디키는 앨퍼와 하먼의 연구를 모른 채, 우주 배경 복사를 예측하고는 검출기를 제작해 검증하려고 했던 거야.

이것이 무슨 운명의 장난인가! 1948년에 앨퍼와 하먼이 우주 배경 복사를 예측했고, 1964년에 펜지어스와 윌슨은 우주 배경 복사를 발견했지만 그것이 무엇인지 알아차리지 못했어. 그 시기에 다른 곳에서 디키의 연구 팀이 우주 배경 복사를 다시 예측한 거야. 펜지어스가 디키에게 전화를 하자, 곧바로 디키의 연구 팀은 벨 연구소에 펜지어스와 윌슨을 만나러 왔어. 그리고 두 팀은 〈천체물리학 저널〉에 각각 논문을 싣기로 합의했지. 1965년 5월호에 펜지어스와 윌슨은 관측한 자료만을 사실대로 작성해서 올렸어. 디키 연구 팀은 빅뱅이 어떻게 우주 배경 복사를 방출했는지를 설명하고, 펜지어스와 윌슨이 발견한 잡음이 우주 배경 복사라는 사실을 밝혔지. 이렇게 두 팀은 관측과 이론의 역할을 서로 조정해서 세상에 우주 배경 복사의 존재를 알렸어.

"신호는 빅뱅 우주를 의미했다." 1965년 5월 21일자 〈뉴욕 타임스〉는 이런 머리기사를 실었어. 그리고 이들의 연구 논문을 크게 보도했어. 우주 배경 복사의 발견은 수백억 년 전에 빅뱅으로 우주가 시작되었다는 사실을 증명하는 결정적인 증거야. 펜지어스는 〈뉴욕 타임스〉에 다음과 같은 멋진 이야기를 썼어. 빅뱅의 메아리는 항상 우리 곁에 있었다고.

> 오늘밤 밖으로 나가 모자를 벗고 머리 위에 떨어지는 빅뱅의 열기를 느껴 보라. 아주 성능이 좋은 FM 라디오를 가지고 있고 방송국에서 멀리 떨어져 있다면 쉬 쉬 쉬 하는 소리를 들을 수 있을 것이다. 아마 이미 이런 소리를 들어 본 사람도 많을 것이다. 그 소리는 마음을 달래 준다. 때로는 파도 소리 비슷하다. 우리가 듣는 소리는 수백억 년 전부터 오고 있는 잡음의 0.5퍼센트 정도이다.

우주 배경 복사의 발견은 빅뱅 우주론에 완벽한 승리를 안겨 주었어. 정상 우주론은 우주 배경 복사의 존재를 설명할 수 없었거든. 그런데도 처음에 과학자들은 빅뱅 우주론을 쉽게 받아들이지 못했어. 정상 우주론을 주장했던 호일은 별빛과 성간 먼지들의 상호 작용 때문에 생긴 현상일 수 있다고 반발했어. 하지만 우주 배경 복사가 빅뱅의 잔해라는 관측 결과가 차곡차곡 쌓이자 더이상 부인할 수 없었지. 1970년대에 이르러 빅뱅 우주론은 우주의 기원을 설명하는 과학적 사실로 자리잡았어. 1978년에 펜지어스와 윌슨은 우주 배경 복사를 발견한 공로로 노벨 물리학상을 받았단다.

우주 배경 복사를 처음으로 예측했던 앨퍼는 정말 아쉬움
이 컸을 거야. 앨퍼와 하먼은 「빅뱅의 창세기」라는 연구 보고서를
써서 자신들의 연구 결과를 세상에 알렸지. 펜지어스는 노벨상 수
상 기념 강연에서 가모브와 앨퍼, 하먼의 공적에 찬사를 보내며 고
마움을 표시했어. 논쟁적이었던 20세기의 천문학은 빅뱅 이론의
승리로 일단락이 되었단다.

4. 우주의 소리를 보다

코비 위성이 찾아낸 빅뱅의 얼굴

빅뱅 우주론은 우주가 정적이고 변함없다는 생각을 깨 버렸어. 우주는 탄생하고, 살다가, 죽는 과정을 거친다는 거야. 꼭 생명체처럼 말이지. 잠시도 쉬지 않고 움직이며 살아 있는 우주를 어떻게 알 수 있을까? 우주를 이해하는 것이 결코 쉽지 않았어. 우주 배경 복사를 발견하고 빅뱅의 순간이 있었다는 것을 알았지만 이건 시작에 불과했지. 우주를 알면 알수록 이상한 현상들이 발견되었어. 과학자들은 이것을 밝히기 위해 더 정교한 관측과 측정 방법을 개발했어. 그렇게 조금씩 우주를 알아 갔단다.

1965년에 펜지어스와 윌슨이 우주 배경 복사에 관한 논문을 발표했지. 그 논문에서 우주 배경 복사가 모든 방향에서 고르게 나온다고 했어. 초기 우주 상태가 똑같기 때문에 여기에서 시작된 우주 배경 복사도 모든 방향에서 똑같다는 거야. 이것을 우주 배경 복사의 '등방성'이라고 해. 그런데 초기 우주 상태가 모든 곳에서 완벽하게 똑같을 수는 없어. 우주의 물질이 어떤 차이도 없이 고르게 퍼져 있다면 별이나 은하가 만들어질 수 없거든. 별이나 은하는 중력에 의해 뭉쳐서 만들어지니까. 물질이 조금이라도 더 모인 곳에 중력이 작용해서 별이나 은하가 생기지.

중력은 우주를 지배하는 힘이잖아. 중력은 물질을 끌어모아서 안으로 수축시켜. 반대로 우주가 팽창하려면 밖으로 작용하는 힘이 있을 거야. 예를 들어 태양계 주위를 지구가 도는데 만약 지구가 움직이지 않고 가만히 있으면 태양 쪽으로 빨려 들어갈 거야. 지구는 태양의 중력에 끌려 들어가지 않으려고 빠르게 돌고 있어. 원심력과 구심력의 균형점에서 지구 궤도를 돌고 있지. 이렇게 우주에서 별과 은하는 역동적으로 움직이고 있어.

1962년에 미국의 여성 천문학자 베라 루빈은 우리 은하의 중심에 있는 별들의 회전 속도를 관측했어. 중심에서 가까운 별은 중력에 대항해서 빠르게 돌고, 중심에서 멀어질수록 별들이 천천히 돌 것이라고 예측했지. 그런데 이상하게 중심에서 멀어져도 회전 속도가 줄지 않는 거야. 그렇게 빠르게 회전하면 은하 밖으로 튕겨 나가야 하는데 멀쩡하게 잘 돌고 있었어. 그 때문에 베라 루빈은 은하에 별들을 잡아 주는 물질이 있다고 추론했지. 은하는 우리가 생각한 것보다 훨씬 무거웠던 거야. 별들의 운동을 좌지우지하는 보이지 않는 이 물질에 '암흑 물질'이라는 이름이 붙었어. 암흑 물질은 1933년에 프리츠 츠바키라는 스위스 물리학자가 예견했던 것이기도 해. 30년 만에 루빈이 재발견한 거야. 암흑물질에 대한 증거가 계속 나와서 1970년대 후반에는 암흑 물질을 의심할 수 없게 되었어.

이렇게 우주 배경 복사나 암흑 물질 등 우주에 대한 의문이 쌓여 갔지. 암흑 물질은 암흑의 세계에서 좀처럼 모습을 보이지 않았으니까. 또 우주 배경 복사가 등방성이 아니라 비등방성이라는 것을 입증하려면 파장이나 에너지, 온도의 차이를 측정해야 해. 우주 배경 복사는 절대 영도보다 겨우 3도 높거든. 이론적으로 예측된 우주 배경 복사의 온도 변화는 10만분의 1 수준의 차이로 나타났어. 이 정도 차이를 알아낸다는 것은 모래사장에서 바늘 찾기보다 더 어려운 관측이야. 1970년대 최신 관측 장비로는 우주 배경 복사의 100분의 1 차이까지 감지할 수 있었어, 우주 배경 복사의 비등방성을 찾아내려면 더 정교하고 복잡한 망원경이 필요했지.

천문학자들은 우주 망원경을 쏘아 올리는 방법을 추진했어. 지구의 대기에서는 잡음이 발생했거든. 대기 중의 수증기와 산소에서 우주 배경 복사와 비슷한 파장의 초단파를 방출했어. 이것을 차단하려면 우주 배경 복사 검출기를 인공위성에 실어 대기

권 밖으로 올려놓는 수밖에 없었지. 1974년 NASA에 우주 배경 복사 탐사 위성(Cosmic Background Explorer Satellite)이라는 프로젝트가 제안되었어. 머리글자만 따서 코비(COBE)라고 불렀어. 제안서를 낸 지 8년 뒤인 1982년이 되어서야 코비 위성이 제작되었단다. 1989년에 발사되는 우주 왕복선에 실을 계획이었지.

그런데 1986년에 우주 왕복선 챌린저호가 발사 직후 폭발하는 사고가 일어났어. 승무원 7명이 모두 죽는 끔찍한 사고였지. 코비 프로젝트는 무기한 연기되었어. 천문학자와 엔지니어들이 코비 위성을 설계하고 제작하는 데만 10년이 걸렸는데 말이야. 코비 팀의 과학자들은 당분간 우주 왕복선의 이용이 불가능하다고 판단하고 다른 방책을 강구했어. 새로운 돌파구는 로켓에 싣는 방법이었지. 그런데 코비 위성은 로켓에 싣기에 너무 컸어. 5톤이나 되는 코비 위성을 반으로 줄이려면 다시 설계하고 제작해야 할 형편이었지. 코비 팀은 1989년에 발사되는 델타 로켓에 실어 보내려고 3년 동안 밤낮없이 코비 위성을 줄이는 작업에 매달렸어.

드디어 1989년 11월 18일, 코비는 우주로 발사되었어. 그날 캘리포니아의 반덴버그 공군 기지에 우주 배경 복사를 처음 예측했던 앨퍼와 하먼이 초청되었어. 수백 명의 과학자와 엔지니어들이 함께 코비의 성공적인 발사를 지켜보았으니 정말 감동적인 순간이었을 거야. 이렇게 기술 팀의 노력은 결실을 맺었지만 과학 팀의 임무는 그때부터 본격적으로 시작되었지. 코비가 보내온 자료

코비 위성과 코비 위성의 우주 지도.

를 분석하는 일은 쉽지 않았어. 10만분의 1 수준의 온도 차이를 찾

아내려면 정밀한 자료 분석이 필요했거든. 1991년 12월에 처음으

로 우주의 지도가 작성되었어. 이 지도를 작성하기 위해 7000만 번

의 측정이 수행되었지. 과학자들이 평가, 토론, 검증하는 데만 3개

월이 걸렸어.

    1992년 4월 27일, 코비 팀을 대표해 조지 스무트가 나와서

코비의 우주 지도를 발표했어. 위 사진에서 얼룩 같은 것이 보이잖

아. 이것이 우주 배경 복사의 비등방성이야. 붉은색은 온도가 높은

곳이고, 푸른색은 온도가 낮은 곳이지. 이런 온도 차이는 초기 우

주에 밀도 변화가 있었다는 것을 나타내는 거야. 이런 밀도 변화는

은하를 형성하는 씨앗이 되었지. 아주 작은 차이일지라도 밀도가 높은 곳에서 중력이 작용해서 오늘날 은하와 별이 만들어진 거야. 우주 배경 복사는 빅뱅 직후에 어떤 일이 일어났는지를 그대로 보여 주었어. 코비의 활약으로 우주 배경 복사가 우주론의 무대에 주인공으로 등장했단다.

허블 망원경과 더블유맵

코비가 성공할 즈음에 또 하나의 거대한 우주 망원경이 우리의 시야를 확장해 주었어. 11톤짜리 허블 우주 망원경이야. 1970년대 처음 제안된 후 1986년에 발사 준비를 마쳤지. 그런데 그해 1월에 챌린저호 사고가 일어나서 미국의 모든 우주 프로그램이 중지되었어. 허블 우주 망원경은 격납고에서 매달 70억 원의 유지비를 쓰면서 4년을 기다렸지. 1990년 4월 24일, 마침내 발사에 성공했어. 고도 6000킬로미터의 궤도에 안착해서 먼 우주를 고해상도로 촬영하기 시작했지.

그런데 천문학자들은 허블 망원경이 보내온 사진을 보고 실망했어. 기존의 천체 망원경하고 크게 다르지 않았거든. 처음 설계 단계부터 반사경에 심각한 오류가 있었던 거야. 다행히 허블 망원경은 우주에서 수리가 가능하도록 설계된 최초의 망원경이었어. 1993년 12월, NASA의 스토리 머스그레이브 팀은 10일 동안 허블 망원경을 수리하는 데 참여했어. 반사경에 곡률 1000분의 2.2밀리미터의 오차를 교정하는 작업이었지. 굉장히 정교하고 위험한 작업이었는데 무사히 마치고 1994년 1월 13일부터 다시 가동하게 되었단다.

허블 망원경은 경이로운 우주 사진을 많이 보내왔어. 그중에서 단연 최고는 '울트라 딥 필드'야. 천문학자들은 일부러, 지구에서 최고 성능 천체 망원경으로 들여다봐도 깜깜한 곳에 허블 망원경을 향했어. 겨우 연필 끝으로 가려질 만큼 작은 구역이었는데 엄청난 사진이 찍혀 나온 거야. 2003년 9월에서 2004년 1월 사이에 수천억 개의 별과 1만여 개의 은하가 허블 망원경 렌즈에 포착되었어. 만약 성능이 더 좋은 망원경이 개발된다면 이보다 더 많은 별과 은하가 모습을 드러내겠지. 허블 망원경이 관측한 울트라 딥 필드 덕분에 우리는 이런 말을 할 수 있게 되었어. 관측 가능한 우주에 1000억 개가 넘는 은하가 있고, 각 은하에 수천억 개의 별이 있다고 말이야.

허블 망원경이 찍은 사진은 인간의 상상을 뛰어넘는 광경을 보여 주었어. 은하의 개수가 많은 것은 물론 크기와 모양, 색상, 거리가 제각각 달랐어. 우주 공간에서 멀리 떨어져 있는 거리는 시간을 의미하잖아. 천문학자들이 찾아낸 가장 먼 은하는 130억 광년이 넘었어. 이 은하는 아마 빅뱅 직후에 만들어졌을 거야. 130억 년 전에 방출된 빛이 길고 긴 여정을 끝내고 허블 망원경의 반사경

울트라 딥 필드

에 도달한 거지. 130억 년이라니 우리는 도저히 상상할 수도 없는 긴 시간이야.

　　우주는 얼마나 광대하고, 얼마나 오래된 것일까? 코비 위성이 알려 준 우주의 나이는 120억에서 150억 년 사이였어. 코비는 우주의 나이를 10억 년 단위로 알려 주었어. 과학자들은 더 정확한 우주의 물리량을 알고 싶었지. 코비의 성공 직후에 새로운 우주 배경 복사 관측 위성 팀이 구성되었어. 1993년에 초단파 비등방성 탐사선이라는 뜻으로 MAP(Microwave Anisotropy Probe)이라는 이름이 채택되었지. 우주 배경 복사의 '지도'를 그린다는 의미에서 안성맞춤인 이름이었어. 데이비드 윌킨슨이 주도적으로 프로젝트를 이끌었는데 MAP이 발사되기까지는 8년이 넘는 시간이 흘렀단다.

그 사이에 새로운 사실이 발견되었어. 1998년에 초신성을 관측해서 우주의 팽창 속도 변화를 조사한 거야. 대부분 과학자들은 빅뱅으로 팽창한 우주는 내부 물질과 중력 때문에 팽창 속도가 점점 줄 것이라고 생각했어. 그런데 우주의 팽창 속도는 줄어들지 않고 점점 빨라지는 거야. 우주가 가속 팽창을 하고 있었어. 그렇다면 우주의 중력을 이기고 우주를 팽창시키는 무엇이 있다고 생각할 수밖에 없었지. 과학자들은 이 정체 모를 물질을 '암흑 에너지'라고 불렀어. 우주를 구성하는 성분으로 암흑 물질에 이어서 암흑 에너지가 발견된 거야.

MAP은 2001년 6월 30일, 플로리다의 케이프버럴 발사대에서 우주로 날아갔어. 8월부터 본격적인 관측을 시작했는데 MAP 팀은 1년간 관측 자료를 분석해서 2002년 8월에 첫 번째 결과를 발표할 예정이었지. 그런데 9월에 MAP 팀을 이끌던 윌킨슨이 20년간 앓아 온 지병으로 세상을 떠났어. 그의 동료들은 너무나 슬펐지. 윌킨슨이 없었다면 MAP 프로젝트는 시작되지 못했을 거야.

WMAP의 우주 지도

윌킨슨은 뛰어난 능력을 가졌으면서도 인품이 훌륭한 과학자였거든. 팀원들은 NASA에 MAP의 이름을 WMAP로 수정해 달라고 요청했어. 윌킨스를 추모하며 공식 이름을 WMAP(Wilkinson Microwave Anisotropy Probe)으로 바꾸었단다.

2003년 2월 11일, WMAP 팀은 공식적인 발표 자리를 갖고 1년간 관측한 자료를 모두 공개했어. 코비보다 훨씬 해상도가 뛰어난 우주 배경 복사 사진을 선보였지. 그 뒤 9년이나 연구를 진행해서 최종 결과는 2013년에 발표했어. 세밀한 관측과 분석을 통해 그동안 대략적으로 알고 있던 물리량을 정확하게 바로잡았어. 우주의 나이는 137억 7000만 년, 우주 배경 복사가 방출된 때는 빅뱅 이후 37만 5000년으로 밝혀졌어. 우주의 구성 성분은 우리가 알고 있는 주기율표의 원소들이 우주 전체의 4.6퍼센트일 뿐이고, 암흑

플랑크 탐사선의 우주 지도

물질이 24퍼센트, 암흑에너지가 71.4퍼센트로 대부분을 차지한다고 알려졌어.

코비와 WMAP이 대단한 성과를 거두었지만 과학자들의 도전은 여기서 멈추지 않았어. 2009년 5월에 플랑크(PLANCK) 탐사선을 쏘아올렸어. 탐사선 이름을 1896년에 흑체 복사 이론을 만든 독일의 물리학자 막스 플랑크의 이름을 따서 플랑크라고 한 거야. 이 플랑크 탐사선은 코비나 WMAP보다 더 해상도가 뛰어난 사진을 보내왔어. 그해 8월부터 관측을 시작해서 2013년 10월에 활동을 종료했지. 최종 결과는 2015년 2월에 발표되었어. 플랑크가 보고한 우주의 나이는 138억 년이었어. 암흑 에너지 비율은 WMAP의 71.4퍼센트보다 약간 줄어든 69.2퍼센트였고, 암흑 물질의 비율은 24퍼센트에서 25.9퍼센트로, 보통물질의 비율은 4.6퍼센트에서

4.9퍼센트로 늘어났어. 이 값들이 지금까지 우주 배경 복사로 관측한 우주의 물리량으로 가장 정확한 값이야.

우주의 이야기는 우리의 이야기

가끔 이런 질문을 하는 학생이 있어. "과학자들이 우주의 나이가 138억 년 되었다고 하는데 그것을 어떻게 믿을 수 있나요? 과학자들이 말하는 것을 맹목적으로 받아들여야 하나요?" 앞서 코비와 WMAP, 플랑크 탐사선의 활동을 보았듯이 138억 년이라는 숫자가 주먹구구식으로 나온 것이 아니야. 허블 우주 망원경이나 우주 배경 복사 탐사 위성은 아주 정교하게 만들어진 관측 기구거든. 우주 배경 복사의 온도 차이를 100만분의 1도의 변화를 감지하는 수준에서 확인할 수 있을 정도니까. 우리는 과학자들이 밝힌 결과만 놓고 보면 과학의 가치를 모를 수 있어.

과학은 관찰과 실험을 통해 검증 가능한 지식이야. 관찰과 실험으로 검증할 수 없다면 과학이 아니지. 과학자들은 관측된 사실을 토대로 우주론의 모형과 가설을 만들어. 그다음 가설로부터 새로운 현상을 예측하고, 이것은 다시 관측을 통해 검증해. 이렇게 가설과 예측, 검증의 과정을 통과해서 과학적 사실로 인정된 거야. 우주론은 정밀과학이 되었지만 앞으로 암흑 물질과 암흑 에너지, 블랙홀 등등 밝혀야 할 것들이 더 많아. 그렇다는 것은 지금까지 우리가 알고 있는 과학적 사실이 새로운 사실로 대체될 가능성이 얼마든지 있다는 거지.

또 이렇게 질문하기도 하지. "우주에서 일어난 일이 나하고 무슨 상관이 있나요? 암흑 물질이 있든 말든, 몇 퍼센트이든, 그것이 뭐가 중요한가요?" 만약에 암흑 물질이 없었다면 별이 만들어지지 않고, 우리가 살아가는 우주도 없었을 거야. 별이 되려면 물질을 끌어모으는 중력이 필요해. 양성자와 전자로 이뤄진 보통 물질만으로도 별이 만들어질 수 없어. 중력에 반응하는 암흑 물질이 지금 알려진 25.9퍼센트 정도는 있어야 우주가 탄생할 수 있어. 이 비율이 깨져 버리면 우주는 전혀 다른 모습이 되었을 거야. 이렇게 우주를 알면 알수록 우주와 우리 자신이 연결되어 있다는 것을 확인할 수 있어.

우주의 이야기는 우리의 이야기야. 우리 몸은 우주를 기억하고 있어. 내 안에 우주가 들어 있는 거야. 예를 들어 우리 혈관에 흐르는 철분이 없으면 빈혈에 걸리지. 그 철은 어디서 왔을까? 철이라는 원소는 별이 죽으면서 만들어진 거야. 별의 죽음이 있으면 별의 탄생이 있겠지. 맨 처음은 빅뱅에서 시작되었어.

빅뱅 이후에 10억 년이 지나서 암흑 물질과 원자들이 모여 별과 은하가 탄생해. 1세대 별들은 수소를 헬륨으로 바꾸는 핵융합 과정으로 빛을 내지. 그러다 수소 원료를 다 소진하는 시점이 올 거야. 수명을 다하면 스러져 버리는 것이 아니라 오히려 덩치를

156   통통한 과학책 2

더 키워서 '적색 거성'(red giant)이 돼. 적색 거성은 헬륨만 남아 있으니, 이제부터 헬륨을 태우면서 핵융합 반응으로 탄소와 산소가 만들어져. 이쯤 되면 더 이상 압력을 견디지 못하고 별 전체가 폭발해 버려. 그러면서 산소와 탄소 같은 값진 원소를 우주 공간에 뿌리는 거야.

엄청나게 컸던 적색 거성이 확 줄어들어서 하얀 속살, 별의 핵을 드러내. 이것이 하얀 별의 씨앗인 '백색 왜성'이야. 더 이상 핵융합을 하지 못하고 나머지 잔해들을 서서히 퍼뜨리지. 과거 천문학자들은 그 모습을 보고 점광원(빛을 내는 별)이 아니라 행성처럼 보인다고 생각했어. 그래서 '행성상 성운'이라고 불렀어. 이렇게 별의 수명이 완전히 끝나.

그런데 질량이 태양의 1.5배가 넘는 큰 별들은 화학 원소를 다시 생산하기 시작해. 헬륨이 모두 타 버린 후에도 중력이 강하게 작용하거든. 중력의 위치 에너지가 응축되어 운동 에너지로 바뀌면서 온도를 수억 도로 끌어올리는 거야. 탄소는 헬륨과 융합하여 네온이 되고, 네온이 또 헬륨과 융합해서 마그네슘이 되고, 탄소끼리 융합해서 나트륨을 만들기도 해. 이런 식으로 철까지 생산되면 갑자기 모든 활동이 멈춰 버려. 원자 번호 26번의 철은 가장 안정된 원소거든. 양성자와 중성자를 추가해도 더 이상 나올 에너지가 없어. 별의 내부가 철로 다 바뀌고 나면 중력에 의해 폭발하면서 행성상 성운이 된단다. 이렇게 우리 몸속에 있는 철은 우주에서 만들어져서 온 거야.

그러면 철보다 무거운 원소 72종은 어떻게 만들어진 것일까? 철보다 무거운 원소에는 구리나 우라늄, 주석, 납 등 일상생활에서 필요한 것들이 있어. 금이나 은, 백금처럼 비싼 보석도 있지. 이것들은 장신구로 만들어져 엄청 비싸게 팔리잖아. 왜 그럴까? 희귀해서야. 금은 지구를 통틀어 올림픽 규격 수영장 세 개 정도의 양이 나왔어. 인류가 출현한 이래로 채굴한 양이 그것밖에는 안 된다는 거야. 그래서 엄청나게 귀하게 대접받는 거지. 사실 우주에서 금과 같이 무거운 원소가 만들어지기가 무척 어려워. 질량이 아주 아주 큰 별, 초신성에서 '중성자 포획'이라는 과정을 통해서만 조금 만들어질 수 있거든.

사실 현대 천문학자들은 초신성이 폭발하는 장면을 본 적이 없어. 지구에서 초신성을 가장 최근에 관측한 것은 1604년이었어. 망원경을 발명하기도 전이지. 그만큼 초신성 폭발은 드물게 일어나는 사건이야. 초신성이 폭발하면 중심부에서 중력이 강하게 작용해서 어마어마한 속도로 수축이 일어나. 전자 궤도도 붕괴될 정도지. 전자기력을 상쇄할 정도로 중력이 작용하면 전자들 사이가 가까워져야 하는데 이런 일은 일어날 수가 없어. 파울리의 배타 원리 때문이지. 두 개 이상의 전자가 같은 자리에 있을 수 없거든. 이럴 때 전자는 어쩔 수 없이 원자핵 안의 양성자와 결합해서 중성자가 되는 거야.

물질의 기본 단위인 원자는 거의 텅 비어 있어. 원자핵의 지름이 원자 지름의 10만분의 1도 되지 않거든. 이러한 물질의 원자에서 전자가 제거되면 엄청나게 부피가 줄어들겠지. 초신성이 수명을 다하면 과도한 중력이 작용해서 밀도가 엄청나게 높은 '중성자별'이 되고 말아. 중성자별은 우주에서 가장 단단한 물체야, 에베레스트산을 각설탕 크기로 압축한 것에 비유되곤 해. 이 중성자별이 더 압축될 수 없는 지경에 이르면 온도가 1000억 도까지 급상승하면서 폭발하는데, 그때 아주 짧은 시간 동안 금이나 우라늄과 같은 무거운 원소가 만들어져.

중성자별은 중력이 지구의 1000억 배에 이른다고 해. 상상을 초월한 밀도를 가지고 엄청난 속도로 자전하고 있지. 주기적으로 에너지를 방출하는데 우리 눈에는 깜빡, 깜빡 신호를 보내는 것처럼 보이지. 1967년에 케임브리지 대학의 조슬린 벨 버넬과 그녀의 지도 교수 앤서니 휴이시가 빠른 속도로 자전하는 중성자별, 펄서(pulsar)를 발견했어. 처음에는 외계인이 신호를 보내는 줄 알았지. 이러한 중성자별이 중력을 이기지 못하면 천체는 대책 없이 압축되어 중력의 세기가 무한대인 블랙홀이 되고 말아. 중성자별이나 블랙홀은 많은 부분 베일에 싸여 있어.

우주에서 영원한 별은 없어. 지금 찬란하게 빛나는 별도 언젠가는 죽을 운명이야. 우리의 태양도 그렇겠지. 앞으로 50억 년 후에는 태양의 수명이 다할 거야.

태양이 사라진 그다음은 어떤 일이 벌어질까? 모든 천체가 사라지고 블랙홀만 남는 시기가 와. 블랙홀도 서서히 증발하면서 원자가 쪼개지지. 에너지가 아주 작은 광자, 전자, 양성자로 떠돌다가 그것마저 소멸해 버려. 텅 빈 우주는 계속 팽창하다가 절대 온도 0K에 도달하면서 죽음을 맞이할 거야.

우리는 우주가 영원하고 변함없길, 불멸의 존재이길 바랐어. 하지만 우주에서 정적인 것은 하나도 없어. 우주는 끊임없이 변하면서 앞으로 나갈 거야. 언젠가 별들이 죽고, 우주도 죽고, 생명체가 존재했다는 기억조차 사라지겠지. 빅뱅의 순간처럼 시작이 있으면 끝이 있어. 지난 100년 동안 우주의 별들을 관측하고 연구해서 밝힌 과학적 사실이야. 이 모든 생명체가 지구에서 살고 있는 시간은 우주에서 찰나에 불과해. 인간은 우주에게 기적과 같은 존재야. 빅뱅 우주론과 우주 배경 복사의 관측으로 우주의 기원을 알게 되었어. 이렇게 우주론을 통해 우리가 깨달은 것은 인간과 시간의 소중함이야.

VII〰〰유전자

생물의 특성은 어떻게
전해지는 것일까?

질문에는 세 종류가 있어. '무엇'(What), '왜'(Why), '어떻게' (How)가 있지. 물리학에서 '물질'로 예를 든다면 물질은 무엇인가, 물질은 왜 있을까, 물질은 어떻게 움직일까 식으로 나타낼 수 있어. 생물학에도 이 세 가지 질문을 적용할 수 있어. 생물은 무엇인가? 생물은 왜 있을까? 생물의 특성은 어떻게 전해지는가?

첫 번째 질문, 생물은 무엇인가를 묻는 순간 생명을 가진 수많은 생물들이 떠오를 거야. 생명 세계에서 가장 인상적인 것은 생물의 다양성이지. 지구에는 수많은 생물종이 있어. 박테리아, 곤충, 이끼, 버섯, 포유동물 등등 종류도 다양한데 생물 개체 하나하나도 똑같이 생기지 않았어. 과학자들은 처음 생물학을 탐구하면서 생물에 '무엇'이 있는지를 찾아 나섰어. 다양한 생물의 종류를 확인하고, 체계적으로 분류했지. 그 과정에서 18세기에 린네의 분류학이 나오게 된 거야.

점점 생물의 다양성에 대한 지식이 확대되었어. 해양 생물이나 육안으로 관찰하기 어려운 미생물을 연구하고, 과거의 생물인 화석도 수집하고 연구했지. 그러다 보니 두 번째 질문, 왜 이렇게 지구에 다양한 생물이 있는지를 묻게 되었어. 신이 창조했을 것이라는 추측이 아닌, 원인과 결과를 따르는 과학적 설명으로 다윈의 진화론이 제기되었어. 분류학의 계통 체계를 탐구하다 보니 자연스럽게 하나의 공통 조상에서 수많은 생물종이 진화한 것을 발견하게 된 거야.

그러면 세 번째 질문, 생물의 특성은 어떻게 전해지는 것일까? 코끼리는 코끼리만의 특성이 있고 고양이는 고양이만의 특성이 있잖아. 고양이 새끼가 코끼리가 아닌 고양이의 생김새를 닮는 것, 이렇게 생물 고유의 '형질'이 부모에게서 자식에게로 전해지는 것을 '유전'이라고 하는데, 이건 인류가 오랫동안 궁금해했던 현상이야. 더구나 자식은 부모와 완전히 똑같지 않고 조금씩 다르잖아. 이러한 '변이'가 어떻게 일어나고 전달되는지 알고 싶었지.

1865년에 멘델은 완두콩 실험으로 유전 법칙을 발견했어. 그는 유전 현상을 관장하는 독립적인 단위가 있다고 생각했지. 유전의 단위는 생명체 고유의 정보를 전달하는 입자라는 뜻에서 '유전자'라는 이름을 얻게 되었어. 물질의 기본 단위인 원자처럼 생명의 기본 단위를 유전자로 본 거야. 유전자는 유전 현상에만 국한된 것이 아니라 생물의 모든 활동을 지시하는 정보의 운반체였어. 정보가 생명 세계 전체에 흐르고 있었던 거야.

우리는 하나의 세포에서 태어났어. 우리가 단세포 시기를 거치는 것은 필연적인 과정이야. 유전자가 전달되려면 정자와 난자와 같은 단세포 단위로 돌아가서 수정을 하지. 과학자들도 처음에 생명의 최소 단위를 '세포'라고 생각했어. 그러다가 세포보다 더 작은 분자 단위로 파고들어 갔지. 그리고 마침내 20세기 중반에 유전과 생명 정보를 담고 있는 분자, DNA를 발견했어.

생물학에서 유전자의 발견은 물리학에서 원자의 발견과 같아. 원자를 알면 원자의 구조를 바꿀 수 있는 것처럼, 유전자의 구조를 앎으로써 생명을 조작하고 합성하는 길이 열렸지. 인간의 유전자 전체를 해독하고, 인공 생명체까지 만들 수 있게 되었으니까. 앞으로 분자생물학과 유전공학의 발전은 우리 삶에 큰 영향을 미치게 될 거야. 우리는 유전공학 기술을 어떻게 사용해야 할까? 우리 손에 강력하고 위험한 도구를 쥐게 되었는데 이런 때일수록 역사적 성찰이 필요해. 유전학이 어떻게 탄생하고 성장했는지 살펴보면서 정확한 유전자의 개념을 이해하고, 잘못 사용했을 때 어떤 문제가 생기는지 알아보도록 하자.

1. 유전은 운명이다

우생학의 그림자

새롭게 개선된 개념들이 발전하고 있는 분야에서는 새로운 용
어를 만드는 것이 바람직하다. 그래서 나는 '유전자'라는 단어
를 제안했다.

덴마크의 식물학자 빌헬름 요한센은 '유전자'(gene)라는 용
어를 창안했어. 그때가 1909년이었는데 당시 과학자들은 유전자
가 무엇인지 거의 이해하지 못했어. 유전자가 어떤 물질인지, 몸이
나 세포 어디에 있는지, 어떻게 생겼는지 전혀 알지 못했지. 오히
려 유전학은 우생학과 같은 취급을 받았어.

1910년대에 유럽과 미국 사회에서 우생학 운동이 일어났어. 미국 사회에 이민자가 넘쳐나자, 우생학자들은 '인종주의'를 부추겼어. 유색 인종 때문에 백인의 순수 혈통이 사라지게 될 거라고 말이야. '인종 악화'를 우려하며 공공연히 '유전자 부적합자'를 격리하는 사회적 분위기를 만들었지. 미국인들은 미국 밖의 약소국을 침략하고 식민 지배한 것으로 부족해서, 미국 안에 식민지를 건설했어. '콜로니'라는 이름의 집단 격리소를 세워 사회적 부적응자로 낙인찍힌 사람들을 가두었어. 여기에는 간질 환자, 범죄자, 정신 박약자, 기형아, 난쟁이, 조현병자가 포함되었지.

　　1920년대 미국 사회는 캐리 벅 사건으로 들끓었어. 캐리 벅은 정신 박약으로 콜로니에 수감된 여성이었지. 콜로니의 소장은 정신 박약자의 '우생학적 불임화'를 열렬히 지지하는 의사였어. 콜로니에 수용하는 것은 일시적인 해결책일 뿐이고, 나쁜 유전자의 전파를 막으려면 평생 임신을 못하도록 불임 수술을 시행해야 한다는 거야. 그는 우생학적 불임화를 승인받으려고 캐리 벅을 법정에 세웠어. 시범 사례가 필요했거든. 캐리 벅이 불임화 승인을 받으면 콜로니의 수감 여성 1000명에게 불임 수술을 할 기준이 생기니까. 캐리 벅 사건은 버지니아주 대법원까지 올라갔지만 야만적인 우생학의 질주를 멈추게 할 수 없었지. 대법원의 판사는 1927년 21세를 맞은 캐리 벅에게 불임화를 판결했어. 며칠 후 캐리는 콜로니의 진료소에서 자궁관 묶기 수술을 받았어. 유전적으로 열등하다고 판단된 남녀를 가두고 불임화하는 끔찍한 법적 수단이 마련된 거야.

우생학 운동은 1930년대에 전 세계로 번져 나갔어. 1933년에 아돌프 히틀러가 독일 수상이 되고 나치가 집권하자, 나치의 우생학자들은 '인종 위생'을 들고나왔어. 독일 대학에서는 인종생물학과 인종 위생을 연구하는 교수직과 연구소가 생겨났지. 그 해 11월에 반체제 인사와 작가, 언론인을 '위험한 범죄자'로 몰아서 국가가 강제로 불임 수술을 할 수 있게 허용하는 새로운 법이 제정되었어. 1934년경에는 매달 거의 5000명의 성인이 불임 수술을 받았다고 해.

급기야 인종 위생은 유전자 청소, 인종 청소로 전환되었어. 사람들을 감금하고 불임화하다가 노골적으로 살해하기 시작한 거야. 독일에서 1939년 10월에 안락사 계획 공식 본부가 창설되었어. 1941년까지 안락사로 살해된 사람이 거의 25만 명이었고, 1933년부터 1943년까지 강제 불임 수술을 당한 사람이 약 40만 명에 이르렀다고 해. 그다음 나치의 계획은 유대인 학살이었어. 그들은 '유대인성'이나 '집시성'이 염색체에 담겨서 유전을 통해 전달된다고 주장했어. 유대인이나 반체제 인사는 '살 가치가 없는 삶'으로 분류되고 유전자 청소의 대상이 되었지. 이렇게 홀로코스트 시기에 수용소와 가스실에서 유대인 600만 명이 희생되었어.

나치는 자신의 정치에 유전자와 유전학의 용어를 가져다

썼어. 유전자는 인종과 민족, 성을 차별하고 결함을 들춰내고 박멸시키는 언어가 되었지. 영어로 집단 학살을 뜻하는 제노사이드(genocide)는 유전자와 어원이 같아. 유전자가 국가 권력을 정당화하는 데 이용되어, 역사적으로 참혹한 결과를 가져왔어. 우생학과 같은 잘못된 과학으로 엄청난 희생을 치른 거야. 20세기 유전학은 지울 수 없는 상처를 받았어. 우생학을 비판하려면 유전자가 무엇인지, 유전 현상이 어떻게 작동하는지를 밝혀야 했어. 혼돈의 시대일수록 정확하게 과학적 사실을 규명하는 일이 시급해졌단다.

수수께끼 중의 수수께끼

생명의 탄생은 신기한 일이야. 정자와 난자가 만나서 수정을 하고 배아를 형성하지. 그 배아가 커져서 성체가 되고. 이러한 발생 과정에서 여러 기관이 만들어지는데 꼭 아무것도 없는 데서 팔다리, 뇌, 눈이 생기는 것처럼 보이잖아. 또 그 신체 기관은 부모와 비슷하게 생겼어. 부모로부터 자식에게 전해지는 형질은 어디에 있고, 어떻게 전해지는 것일까?

오래전부터 인류는 유전과 생식 현상이 궁금했지만 상상을 통해 설명할 수밖에 없었어. 기원전 410년경에 히포크라테스는 우리 몸에 유전의 씨앗이 퍼져 있다고 생각했어. 눈에는 눈을 만드는 씨앗이 있고, 발가락에는 발가락을 만드는 씨앗이 있다는 거야. 우리 몸의 각 신체 기관에 있는 유전의 씨앗은 혈액을 타고 정자와 난자에 모아져서 자손에게 전해진다고 보았어. 이러한 생각을 범생설(汎生設)이라고 해. 여기서 범(汎)은 '전체에 걸쳐 있는', '모두를 아우르는'의 뜻이야. 대부분의 사람들도 몸 전체에 유전 물질이 있다고 생각했어. 그래서 범생설이 2000년이나 널리 받아들여졌어.

아리스토텔레스는 히포크라테스의 범생설에서 중요한 문제점을 꿰뚫어 보았어. 자식에게 전달되는 유전의 씨앗은 '물질'이 아니라 '메시지'라고 생각한 거야. 우리가 죽으면 신체 기관이라는 물질은 소멸되잖아. 정자에 신체 기관의 축소판이 들어 있는 것이 아니라 신체 기관을 만드는 명령문이 들어 있다고 보았어. 정자와 난자에 들어 있는 메시지가 생명체라는 물질을 만들고, 이 생명체가 성장하면 다시 정자와 난자를 만드는 거야. 이렇게 메시지는 물질을 낳고, 물질은 메시지를 낳는다고 보았지. 유전 현상은 본질적으로 메시지와 같은 정보의 전달이라고 추론했어. 유전의 핵심적인 진리 중 하나를 파악한 거지,

유전 현상을 과학의 눈으로 본 것은 19세기부터야. 생물학에서 두 개의 통로가 열렸어. 하나는 현미경으로 세포를 발견한 것이고, 또 하나는 다윈의 진화론이었어. 세포는 아주 작은 세계를, 진화론은 아주 커다란 세계를 열어 주었지. 유전 현상은 이 두 가지에 모두 걸쳐 있었거든. 현미경을 통해 생명의 기본 단위가 세포라는 것이 알려지자, 세포가 생식과 유전을 연결하는 고리로 등

장했어. 정자와 난자는 하나의 생식 세포잖아. 유전 정보는 당연히 생식 세포를 매개로 전달되겠지. 생식 세포를 연구하면 유전 문제도 풀릴 것이라고 예상했어. 유전 현상을 세포의 수준으로 바라보게 된 거야.

그런데 유전 정보가 생식 세포에만 있는지 아닌지는 알 수 없었어. 다윈은 진화론을 주장하면서 유전 현상을 설명해야 할 필요가 있었지. 진화의 과정에서는 개체들 사이에서 변이가 생겨나고, 그 변이가 전달되는 메커니즘이 중요하잖아. 다윈도 유전 현상을 이해하려고 무척 고심했어. 그러다 내린 결론이 범생설이었어. 우리 몸에 히포크라테스가 말한 유전의 씨앗과 같은 제뮬(gemmule)이 있다고 생각했지. 환경에 적응하기 위해 나타난 변이는 유전 정보를 담고 있는 제뮬에 쌓이고, 이 제뮬은 체내에서 돌아다니다가 생식 기관에 통합되어서 자식에게 전달된다고 말이야.

하지만 다윈이 주장한 제뮬은 혹독한 비판을 받았어. 제뮬이라는 유전 정보가 온몸의 세포에서 모아진다면 부모가 살면서 획득한 형질이 유전된다는 이야기니까. 결국 라마르크가 주장했던 획득 형질의 유전을 지지하게 되잖아.

1883년에 독일의 발생학자 아우구스트 바이스만은 다윈의 제뮬 이론을 반박하는 실험을 했어. 생쥐를 5세대에 걸쳐 꼬리를 잘라 내고 교배한 거야. 꼬리가 잘려 나간 생쥐의 자식은 어떤 꼬리를 가지고 태어날까? 바이스만은 900마리나 되는 생쥐를 실험

했는데 모든 생쥐는 정상적인 꼬리를 가지고 태어났어. 꼬리 없는 생쥐는 단 한 마리도 태어나지 않았지. 획득 형질은 정자와 난자에 전달되지 않았던 거야. 바이스만은 유전 정보가 오직 정자와 난자에만 들어 있다고 확신했어.

다윈이 범생설과 같은 낡은 개념으로 돌아간 것이 잘못이었어. 또 다윈은 정자와 난자가 만날 때 서로의 유전 정보가 뒤섞인다고 했어. 물감이나 색깔처럼 혼합된다고 본 거야. 당시에 대부분 생물학자들도 다윈처럼 '혼합 유전'을 받아들이고 있었지. 자식은 양쪽 부모로부터 유전 형질을 반반씩 물려받는데 그 유전 정보가 혼합되어 중간 형태가 나온다는 거야.

에든버러 출신의 수학자이며 공학자였던 플레밍 젠킨은 이러한 혼합 유전의 문제를 간파했어. 유전 형질이 세대마다 계속 혼합된다면 점점 희석이 되고 말테니까. 젠킨은 인종을 예로 들어 이렇게 설명했어. 백인과 흑인이 결혼하면 그의 아이들에게 백인 유전자를 2분의 1 물려줄테니 반으로 줄어들고, 손자 손녀에게는 백인의 유전자가 4분의 1, 증손자에게는 8분의 1, 고손자에게는 16분의 1로 줄어들 테니까, 몇 세대 안에 백인 유전자는 묽어져서 완전히 없어질 거라고.

만약 유전적 변이가 나타났을 때 변형된 형질을 고정할 수 없다면 모든 변이는 혼합되어 사라지고 말거야. 유전 메커니즘은 희석되거나 흩어지지 않고 정보를 보존할 수 있어야 해. 그렇지 않으면 진화의 과정에서 출현한 변이가 유전될 수 없으니까. 범생설이나 혼합 유전은 다양한 변이를 가진 생물체의 출현을 설명할 수 없었어.

수도사 멘델의 정원

다윈은 '자연 선택'이라는 위대한 이론을 발견했지만 유전의 장벽을 넘지 못했어. 자연을 관찰하는 특별한 재능과 통찰력만으로는 유전자를 발견할 수 없었지. 유전의 메커니즘은 생명 현상의 저 깊숙한 곳에서 일어났거든. 자연에서 유전자를 찾으려면 인위적으로 고안된 특별한 실험이 필요했어.

다윈이 살던 시절, 체코의 중세 도시 브르노(독일어로는 브륀)의 수도원에 멘델(1822~1884)이라는 수도사가 있었어. 1822년에 오스트리아에서 농부의 아들로 태어난 그는 스무 살에 수도원에 들어갔어. 수도원은 지낼 곳과 읽고 배울 공간을 제공했거든. 멘델은 브르노 신학대학에서 신학과 과학, 역사를 공부하고, 빈 대학에서 2년 동안 자연과학 학위과정을 밟았지. 물리학과 화학, 지질학, 식물학, 동물학을 배웠는데 교사 자격 시험에서 두 번이나 떨어졌어. 시험 공부에 자질이 없었던 모양이야. 하지만 멘델은 꽃과 정원을 사랑했어. 교사되는 것을 포기하고 수도원으로 돌아와 식물 교배 실험에 몰두했지. 그해가 1850년이었어.

멘델은 뜰에 완두를 심고 키웠어. 맨 먼저, 완두의 '순종'을 골라냈어. 부모로부터 똑같은 형질의 자손이 나오는 개체를 순종이라고 해. 키가 큰 완두에서는 키가 큰 것만 나왔고, 키가 작은 완두에서는 키가 작은 개체가 나와. 멘델은 순종 완두를 보며 유전적으로 독특한 형질이 있다는 것을 알았어. 또 모든 형질이 적어도 두 가지 변이 형태로 나타난다는 것을 발견했지. 키가 큰 완두가 있으면 작은 완두가 있고, 씨의 모양이 둥근 것이 있으면 주름진 것이 있고, 꽃의 색깔이 흰색이 있으면 보라색도 있었던 거야. 이렇게 서로 대비되는 형질이 나오는 것을 '대립 유전자'라고 해. 멘델은 완두의 순종 목록에서 대립되는 형질 일곱 쌍을 얻었어.

1. 씨의 모양 (둥근 것 : 주름진 것)
2. 씨의 색깔 (노란색 : 초록색)
3. 꽃의 색깔 (흰색 : 보라색)
4. 꽃이 달린 위치 (줄기 끝 : 잎겨드랑이)
5. 콩깍지의 색깔 (초록색 : 노란색)
6. 콩깍지의 모양 (매끈한 것 : 잘록한 것)
7. 줄기의 키 (큰 것 : 작은 것)

그다음에 이 목록을 가지고 잡종을 만들어 봤어. 큰 키 완두식물과 작은 키 완두를 교배하면 중간 키가 나올까? 큰 키와 작은 키의 대립 유전자가 혼합될까? 어떤 잡종이 나올지 정말 궁금했지. 하지만 잡종을 얻는 작업은 무척 지루하고 힘들었어. 완두는 자가 수분을 하거든. 암술과 수술이 악수하듯이 맞붙어 있어. 수술의 꽃가루는 곧바로 암술머리로 떨어져서 수정이 돼. 잡종을 만들려면 직접 타가 수분을 해야 했어. 멘델은 족집게로 꽃을 열어 붓으로 다른 꽃의 꽃가루를 묻히는 일을 수없이 반복했단다. 1857년에 첫 잡종 식물을 수확했어. 이게 끝이 아니라 시작이었지. 멘델은 줄기의 키, 꽃 색깔, 씨의 모양 등 각각 형질들의 잡종 교배 실험을 하고, 잡종의 잡종을 만드는 일을 해야 했어.

그의 공책은 수천 번의 교배를 하며 얻은 자료와 표로 가득했지. 거의 8년이나 실험이 진행되었으니까. 완두의 씨를 뿌리고, 수정시키고, 꽃을 피우고, 꼬투리를 따고, 꼬투리를 열고, 씨의 개수를 세는 일이 되풀이되었어. 그 과정은 이루 말할 수 없이 지루하고 고단했어. 하지만 실험 자료가 쌓이면서 유전의 법칙이 보이기 시작했어. 처음 발견한 것은 2세대 잡종에서 개별 형질이 혼합되지 않는 거야. 큰 키와 작은 키 완두를 교배하면 오직 큰 키만 나왔어. 둥근 씨와 주름진 씨를 교배하면 둥근 씨만 나왔고. 이렇게 일곱 가지를 모두 실험했는데 동일한 결과를 얻었어.

잡종 형질의 중간 형태는 없었던 거야. 부모의 형질 중 어느 한쪽을 닮아서 나왔지. 멘델은 잡종 1세대에서 나타나는 형질을 '우성', 사라지는 형질을 '열성'이라고 했어. 그러면 열성은 어디

유전에 법칙이 있다

멘델은 완두 순종을 골라낸 뒤 대비되는 형질을 분류했다.
그리고 줄기의 키, 꽃 색깔, 씨의 모양 등 각각 형질들의 잡종 교배
실험에 매달렸다. 수많은 실험 끝에 유전의 법칙을 찾았다.

유전의 단위는 서로 다른
형질로 분리되어서
독립된 형태로 전달되지.

멘델

로 사라진 것일까? 멘델은 한 번 더 잡종 교배를 했어. 큰 키와 작은 키의 잡종을 교배해서 3세대 잡종을 얻었지. 2세대는 큰 키가 우성이니까 모두가 키가 컸어. 키가 작은 형질은 모두 사라지고 없는 듯 보였지. 그런데 3세대 잡종 중에서 키가 작은 완두가 다시 출현한 거야. (요즘에는 우성이 열성보다 뛰어난 것으로 오해하는 것을 막으려고 다른 말로 바꾸어 불러. 나타나는 형질을 '현성', 사라지는 형질을 '잠성'이라고 말이야.)

이러한 결과가 무엇을 의미하는 것일까? 멘델은 1857년부터 1864년까지 엄청난 자료를 축적했어. 식물 2만 8000본, 꽃 4만 송이, 씨 40만 알을 조사했지. 그는 정량적 방법을 동원해서 개체들 사이의 유전 형질에서 수학적 관계를 찾아냈어. 예컨대 3세대 잡종에서 우성인 큰 키와 열성인 작은 키의 비율이 3:1로 나타나는 거야. 열성의 유전자는 혼합되거나 없어지지 않았던 거지. 멘델의 실험은 부모에게서 자식에게로 전달되는 유전 정보가 알갱이, 즉 입자라는 것을 보여 주었어. 유전의 메커니즘은 한 세대에서 다음 세대로 독립된 형태의 정보 조각으로 전달되었던 거야.

멘델은 이 유전의 단위에 '유전자'라는 이름을 붙이지는 않았지만 유전자의 가장 본질적인 특징을 알아냈어. 유전자가 서로 다른 형질로 분리되고, 우성과 열성으로 나타난다는 것을 말이야. 멘델은 범생설이나 혼합 유전의 개념을 뛰어넘어 유전의 입자성을 제시한 거야. 그는 생물학을 물리학처럼 연구했어. 물질의 원자와 같이 생명의 단위를 입자로 생각했어. 유전자가 입자라는 가설을 세우고 정량적 방법으로 유전의 법칙을 도출했어. 당시 생물학에서는 파격적인 방법이었단다.

1865년에 멘델은 브르노의 자연사학회에서 완두 잡종에 관한 연구를 정리해 발표했어. 그때는 다윈의 『종의 기원』이 나온 지 7년이 지난 후였지. 그런데 누구도 멘델의 유전 법칙을 주목하지 않았어. 그의 논문은 생물학자들이 알아볼 수 없는 수식으로 가득했거든. 안타깝게도 다윈이 이 논문을 읽지 못했지. 멘델도 자신의 유전 법칙과 진화가 서로 연결된다는 것을 몰랐어. 그래서인지 멘델의 훌륭한 연구는 오랫동안 묻혀 있었어.

2. 초파리가 유전학을 세우다

돌연변이와 염색체의 등장

네덜란드의 휘호 더프리스(1848~1935)는 다윈의 진화론에 매료된 식물학자였어. 1878년, 30세 때 영국을 방문하여 다윈을 만났어. 단 두 시간의 만남이었지만 더프리스에게는 영원과 같은 시간이었지. 이후 더프리스는 유전의 수수께끼를 풀고 진화론을 증명하는 데 평생을 바쳤어. 그는 암스테르담에서 13년 동안 달맞이꽃을 연구했어. 멘델의 연구를 모르는 채, 식물 잡종을 연구한 거야. 그러다 멘델이 얻은 실험 결과에 도달했어. 유전 형질이 입자처럼 개별적이고 독립적으로 전달된다는 것을 말이야.

1900년 더프리스는 기념비적인 논문을 발표하려는 즈음에 친구로부터 멘델의 논문을 건네받았어. 아뿔싸! 멘델이 이미 유전 연구를 35년 전에 해 놓았던 거야. 더프리스는 몹시 충격을 받고 서둘러 논문을 발표했어. 그때 멘델의 연구를 전혀 언급하지 않았지. 그해에 더프리스 말고도 두 명이 동시에 멘델의 법칙을 재발견했어. 독일 튀빙겐의 식물학자 카를 코렌스와 오스트리아 빈의 에리히 폰 체르마크가 멘델의 연구를 그대로 재현한 완두와 옥수수 잡종 연구를 내놓은 거야. 35년이나 멘델의 연구를 무시하던 식물학자들은 멘델의 공헌을 인정할 수밖에 없었지. 더프리스도 후속 논문에 멘델의 이름을 언급하며 존경심을 표했어.

더프리스는 멘델의 실험보다 한발 더 나아갔지. 그는 유전과 진화의 문제를 더 깊이 연구했거든. 멘델이 풀지 못한 질문에 대한 답을 찾았어. 처음에 변이가 어떻게 생기는 것일까? 대체 무엇이 큰 키와 보라색 꽃을 만드는 것일까? 더프리스는 달맞이꽃 씨를 5만 개 뿌렸는데 그 밭에서 800가지의 새로운 변이체가 자연적으로 발생한 것을 확인한 거야. 기이한 모양의 꽃이 피거나 거대한 잎사귀를 가진 개체가 우연히 생겨나는 것을 발견했어. 더프리스는 이 별종을 '돌연변이체'라고 불렀어. 놀랍게도 이 돌연변이체의 형질은 세대를 거치며 유전되어 나타났어. 다윈이 말한, 진화의 첫 단계가 실제로 일어났던 거야.

20세기에 들어서 멘델의 법칙이 널리 인정받게 되었어. 영국의 생물학자 윌리엄 베이트슨은 멘델을 알리는 데 앞장섰지. 그는 유전학, 대립 유전자와 같은 용어를 만들고 멘델주의자로 활약했어. 그러면 유전자는 무엇이고, 어디에 있을까? 유전자를 세포 안의 어디에서 찾아야 할까? 생물학자들은 유전자를 눈으로 볼 수 있는 방법을 찾다가 배아를 떠올렸어. 성게나 메뚜기의 정자와 난자를 연구하며 세포핵 안에 있는 실같이 뭉쳐 있는 물질을 찾아낸 거야. 이것에 '아날린'이라는 시약을 넣으면 파랗게 염색되었어. 그래서 염색체라고 불렀지.

성별이 어떻게 결정되는지를 연구하던 생물학자들은 X염색체와 Y염색체를 발견했어. 딱정벌레와 같은 곤충의 염색체는 아주 커서 관찰하기 좋았지. Y염색체는 딱정벌레의 수컷 배아에만 있고, 암컷 배아에는 없었어. 그 때문에 생물학자들은 Y염색체가 성별을 결정한다고 생각했어. 이 과정을 관찰하면서 암수를 결정하는 유전자가 염색체에 있지 않을까라는 추론을 하게 되었어. 결국 성에 관련된 유전자뿐만 아니라 모든 유전자가 염색체에 있을지도 모른다는 생각을 한 거야. 이렇게 세포학과 발생학, 그리고 염색체의 발견은 유전학에 날개를 달아 주었어.

파리방(Fly Room)으로 오세요

1900년대 미국 컬럼비아 대학교 동물학과 교수였던 토머스 헌트 모건(1866~1945)은 세포학자였어. 관심 분야는 주로 발생학이었지. 하나의 세포에서 어떻게 생물이 커 나가는지를 연구했어. 사실 그는 멘델의 유전 이론에 거부감을 갖고 있었어. 복잡한 발생학 정보가 세포 안에 유전자로 저장되었다는 것을 믿을 수가 없었거든. 그는 직접 유전자가 어떤 물질인지를 확인해 보고 싶었어.

유전자가 염색체에 있다고는 하지만 아는 것은 그뿐이었지. 모건은 궁금한 것이 아주 많았어. 염색체에서 유전자들은 어떻게 있을까? 유전자는 겹쳐 있을까? 실로 꿴 구슬처럼 나란히 늘어서 있을까? 염색체마다 고유의 유전자 '자리'가 정해져 있을까? 유전자들은 물리적으로나 화학적으로 어떻게 연결되어 있을까? 모건은 유전자를 추상적 개념에서 벗어나 물질의 상태로 설명하길 원했어. 먼저 실험실에서 세대에 따라 유전되는 형질을 추적하는 방법부터 찾고 싶었지. 멘델이 했던 것처럼 말이야.

모건은 암스테르담에 있는 더프리스의 정원을 방문한 적이 있었어. 그곳에서 본 달맞이꽃의 돌연변이체에 강한 인상을 받았지. 모건은 실험실에서 돌연변이를 재현하고, 다윈의 진화론이 맞는지도 검증해 보고 싶었어. 어떤 생물이 적합할까? 돌연변이는 아주 드물게 일어나는 사건이니까 빠른 시간에 많은 자손을 낳는 생물이어야 했지. 바로 초파리가 이 조건에 딱 들어맞는 생물이었어. 작고 값싸고 번식력이 높았거든.

모건은 1905년경부터 컬럼비아 대학교의 연구실에서 초파리를 기르기 시작했어. 우유병에 바나나 조각을 넣어서 구더기 수천 마리를 배양했지. 그의 연구실에서는 과일이 썩는 냄새가 코를 찔렀어. 병에서 빠져나온 초파리가 정신없이 날아다녀서 파리방 (Fly Room)이라고 불렀지. 초파리도 돌연변이가 나올까? 모건은 현미경으로 초파리를 하나하나 들여다보면서 돌연변이를 찾았어. 그런데 쉽게 눈에 띄지 않았지. 하는 수 없이 초파리를 고문하기 시작했어. 원심분리기에 넣어서 빙빙 돌려보고, 산이나 알칼리 용액에 담가 보고, 차가운 냉장고나 뜨거운 오븐에 며칠씩 처박아 두었어.

하지만 모든 노력은 헛되었어. 모건은 하염없이 돌연변이가 나오길 기다리는 수밖에 없었지. 세월이 5년이나 흘러 초파리 연구를 포기할까 고민중이었어. 그러던 1910년 가을 어느날, 유리병에서 뭔가 색다른 초파리를 발견한 거야. 확대경을 꺼내서 보니 붉은 눈의 초파리들 사이에 하얀 눈이 보였어. 틀림없이 돌연변이체였지. 이렇게 모건은 집요하게 수십 가지의 돌연변이를 찾아냈어. 날개가 발달하지 않아 짤막한 것, 잘려 나간 듯 보이는 것, 몸통이 시꺼먼 것, 다리가 휘어진 것, 털끝이 갈라진 것 등을 말이야.

모건은 이런 돌연변이를 가지고 본격적인 실험을 했어. 돌연변이인 하얀 눈의 수컷 초파리와 정상의 빨간 눈 암컷을 짝짓기시켜 본 거야. 그랬더니 다음 세대의 초파리는 모두 빨간 눈이 태어났어. 하얀 눈의 형질은 감쪽같이 사라졌지. 멘델의 예측대로 빨간 눈이 우성이고, 하얀 눈이 열성이었던 거야. 모건은 이 새로운 세대의 초파리를 가지고 실험을 한 단계 더 진행해 보았어. 두 번

통통한 과학책 2

째 손자 세대는 빨간 눈을 가진 것도 있고, 하얀 눈을 가진 것도 있었어. 첫 번째 자식 세대에서 사라졌던 하얀 눈이 태어난 거야. 모건은 조심스럽게 수천 마리의 초파리를 분류하고 세어 보았어. 결과는 빨간 눈의 초파리가 3470마리, 하얀 눈이 782마리로 나왔지. 오차를 감안하면 멘델의 3:1 법칙에 가까운 수치였어. 마침내 초파리가 멘델의 법칙을 증명한 거야.

실험 결과를 보고 모건은 멘델 이론에 대한 의심을 날려 버렸어. 유전자는 염색체에 독립적인 단위로 있는 것이 분명했지. 나아가 모건은 초파리에서 멘델도 몰랐던 또 다른 사실을 발견했어.

5년 만에
돌연변이가 발견되다니,
정말 감개무량이야.

초파리 손자 세대에서 하얀 눈을 가지고 태어난 초파리는 모두 수
컷이었던 거야. 부모 세대의 초파리 암컷과 수컷의 수는 비슷했는
데 말이지. 손자 세대에서 하얀 눈의 초파리 782마리 중에 암컷은
한 마리도 없었어. 열성인 하얀 눈의 형질은 손자 세대에서 수컷에
게만 유전되었지. 하얀 눈의 유전자는 성염색체인 X염색체나 Y염
색체 한쪽에만 선택적으로 실려서 전달되는 듯 보였어.

　　모건은 초파리의 눈을 결정하는 유전자가 X염색체에 있다
고 추론했어. 수컷(XY)은 어미에게 물려받은 X염색체와 아비에게
물려받은 Y염색체를 갖고 있고, 암컷(XX)는 어미와 아비에게 각각
물려받은 XX염색체를 갖고 있잖아. 수컷 초파리는 어미로부터 하
얀 눈 X염색체를 물려받으면 하얀 눈의 초파리로 태어날 거야. 반
면에 하얀 눈의 형질이 열성이기 때문에 암컷 초파리는 하얀 눈의
X염색체 하나만 물려받으면 하얀 눈의 초파리로 태어나지 않아.
하얀 눈의 X염색체 두 개를 모두 물려받아야 하얀 눈의 형질이 나
타날 거야. 확률적으로 수컷 초파리가 암컷보다 하얀 눈이 나올 경
우의 수가 훨씬 높다는 거지.

　　모건은 초파리만이 아니라 사람에게도 이렇게 성에 따라
유전되는 병이 있다는 것을 깨달았어. 혈액이 응고되는 병인 혈우
병에 걸리는 사람은 대부분 남자였거든. 역사적으로 빅토리아 여
왕의 후손 중에 혈우병을 앓은 사람이 많았는데 모두가 남자였어.
혈우병 유전자는 초파리의 하얀 눈처럼 '성 연관 유전자'였던 거

　　　　　　　　　　　　　　　통통한 과학책 2

야. X염색체에 있는 혈우병 유전자는 여자에게 전달되면 유전병이 겉으로 드러나지 않고 후대에 전해지기만 해. 이렇게 염색체와 유전자가 밀접하게 연결되어 있다는 것을 알게 되었어.

초파리 유전자 지도를 그리다

멘델은 유전자를 독립적인 단위로 보았어. 완두콩의 꽃 색깔은 씨 모양이나 키와 아무 상관없이 나타났으니까. 그런데 초파리는 멘델의 완두콩과는 달랐어. 하얀 눈의 유전자와 X염색체가 연결되어 있는 것처럼 일부 유전자들이 서로 연관되어 나타났어. 가령 검은 몸을 만드는 유전자와 짧은 날개를 만드는 유전자가 연관성을 보였거든. 1910년에서 1912년 사이에 모건과 그의 제자들은 파리방에서 돌연변이 수천 마리를 교배시켰어. 그 결과를 꼼꼼하게 분석해 보면서 유전자의 연결을 확인했단다.

초파리의 염색체는 단 네 개의 쌍으로 되어 있었는데 돌연변이는 수십 가지나 발견되었지. 돌연변이를 일으키는 유전자가 염색체보다 많다는 것은 하나의 염색체에 여러 유전자가 있다는 뜻이지. 또한 염색체 위에 여러 유전자가 물리적으로 연결되어 있다는 뜻이야. 하얀 눈의 유전자와 X염색체처럼 독립성에 제약을 받았으니까. 모건은 굉장히 중요한 사실을 알아챘어. 염색체는 실에 구슬을 꿰어 놓은 것처럼 여러 유전자들을 붙잡아 놓고 있었던 거야.

모건은 염색체의 모형을 시각화하는 가설을 세웠어. 염색체가 실이고 유전자가 구슬이라고 상상한 거야. 실에 꿰어 있는 구슬처럼 유전자가 염색체 위에 직선으로 배열되어 있다고 보았어. 염색체가 쌍을 이루고 있으니까 서로 대응되는 염색체의 똑같은 위치에 유전자가 있다고 말이지.

초파리 돌연변이의 연구 결과는 복잡하고 다양한 유전 현상을 보여 주고 있었어. 예를 들어 검은 몸과 짧은 날개가 서로 유전적 연관성을 보이고, 같은 염색체에 있는 것 같았지. 그런데 이 두 가지가 항상 함께 유전되는 것은 아니었어. 때때로 검은 몸에 긴 날개가 나오는 등 예외적인 사례가 속출했지. 마치 서로 다른 염색체에 있는 것처럼 독립적으로 출현하는 거야. 그렇다면 염색체가 끊어지는 것이 아닐까? 끊어진 염색체에 있는 유전자가 뒤섞여서 다른 염색체로 옮겨 가는 것은 아닐까?

모건이 이렇게 생각한 데는 다 근거가 있었어. 1909년 벨기에의 세포학자 프란스 얀센은 염색체가 감수 분열할 때 서로 분리되었다가 교차하는 것을 발견했거든. 다음의 그림처럼 두 염색체가 꼬이고 나눠지면서 유전 정보가 물리적으로 교환되었어. 모건은 이 현상을 유전자의 '교차' 또는 '재조합'이라고 불렀지. 검은 몸과 짧은 날개, 하얀 눈, 갈라진 털 등 초파리의 돌연변이가 섞이는 것은 바로 염색체의 유전자가 교차하는 현상이었어.

그런데 교차 현상에서도 차이가 났어. 어떤 형질은 전혀 교

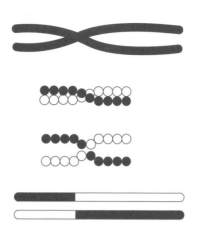

염색체의 교차 현상을 표현한 모건의 그림.

차가 일어나지 않고, 어떤 형질은 교차가 자주 일어났거든. 모건과 그의 제자들은 또 다른 가설을 세웠어. 교차가 전혀 일어나지 않으면 유전자들이 단단히 연결된 것이고, 교차가 자주 일어나면 유전자의 연결이 헐거울 것이라고 말이야. 유전자의 연결성이 강할수록 서로 분리되기 어려우니까, 유전자들은 염색체에서 물리적으로 더 가까이에 놓여 있을 거야. 반면에 연결이 헐거우면 분리되기 쉬우니까, 유전자들은 염색체에서 멀리 떨어져 있거나 아예 다른 염색체에 있을 거라고 예상할 수 있었지.

　　유전학자들은 교차 현상으로 염색체에서 두 유전자 사이의 상대적 거리를 추론했어. 1911년, 모건의 제자 앨프리드 스터트번트는 최초의 초파리 유전자 지도를 그렸어. 그는 초파리 X염색체에 관련된 유전자 여섯 개를 직선적으로 배열해 본 거야. 가령 A와 B가 강하게 연관되고 C가 느슨하게 연관되어 있는 것을 염색체 위에 비례되는 거리로 놓아두었지. 이러한 유전자 지도의 작성은 놀라운 시각적 효과를 보여 주었어. 한눈에 유전자의 연관성을 알아볼 수 있었으니까. 파리방의 유전학자들은 이 유전자 지도를 꾸준히 축적했어. 1915년에 이르러 초파리 염색체 네 개에 대한 각각의 지도를 만들었단다. 그때까지 발견된 유전자 100개의 상대적 위치를 차례로 표시한 거야. 이것은 초보적인 유전자 지도였지만 굉장히 의미 있는 작업이었어. 훗날 1990년대 인간 유전체 계획을 위한 첫걸음이었으니까.

모건의 초파리 덕분에 유전자가 염색체에 있다는 것이 입증되었지. 모건은 멘델이 말한 유전자의 개념을 바꾸었어. 멘델은 유전자가 개별적으로 전달된다고 생각했지만 실제 유전자는 염색체라는 물질적 토대에서 정보의 덩어리로 뭉쳐서 전달되었어. 이렇게 유전자는 세포 안에 있는 염색체에, 그것도 염색체의 특정한 위치에 있는, 특정한 형태를 지닌 물질로 밝혀졌어. 모건은 세포학과 유전학을 연결하는 대단한 성과를 거둔 거야.

진화론과 유전학이 만나다

초파리를 연구하는 유전학자들은 실험생물학자로서 자부

심이 있었어. 초파리를 배양해서 얻은 결과가 유전자에 대해 많은 것을 알려 주었거든. 파리방과 같은 실험실은 그들의 왕국이었지. 모건의 성공으로 유전학은 실험생물학의 하나로 여겨졌어. 그런데 유전 현상은 생물의 진화 과정에서 핵심적인 부분을 담당하고 있어. 유전자가 어떻게 변해서 진화가 일어나는지 설명해야 하는데 좁은 연구실의 실험생물학은 진화의 과정을 관찰할 수 없었지.

유전자와 진화, 실험생물학과 진화생물학의 접점을 찾아낸 생물학자가 바로 테오도시우스 도브잔스키(1900~1975)야. 우크라이나에서 태어난 그는 1927년에 록펠러 재단의 장학생으로 미국에 유학을 왔어. 레닌그라드 대학교에 초파리 유전학 연구소를 세울 계획으로 모건의 연구 팀에 합류했지. 1년 계획이었는데 러시아의 정치 상황이 악화되어 미국에 남아서 연구하게 되었어.

도브잔스키는 꿈에 그리던 모건의 제자가 되었지만 그의 연구 방식이 맞지 않았어. 실험생물학만을 중시하고, '진화'라는 거시적 관점을 무시하는 연구 풍토에 불만이 많았지. 그는 실험실의 초파리가 아니라 자연에서 야생 초파리로 진화를 검증하고 싶었어. 파리방을 박차고 나온 도브잔스키는 야생 초파리의 유전자를 찾아 나섰어. 그물, 파리 채집 상자, 썩어 가는 과일을 들고서 미국 전역의 숲과 산을 돌아다녔지. 여름에는 야외에서 초파리를 수집하고, 겨울에는 초파리를 실험실로 가져와서 연구했어.

도브잔스키는 잘 알려지지 않은 초파리 사촌인 야생종을

실험 모델로 선택했는데 그것이 신의 한 수였어. 야생 초파리 종은 침샘 염색체가 아주 컸거든. 야생종의 형질과 유전자 변이를 추적하기에 적합했지. 그는 침샘 염색체의 유전자에서 놀라운 발견을 했어. 야생 집단에서 유전적 변이가 풍부하게 일어나고 있다는 것을 확인한 거야. 개개의 유전자가 차이 났을 뿐만 아니라 하나의 염색체에 늘어서 있는 유전자들의 순서에서도 차이가 있었어.

도브잔스키는 모건의 유전자 작성법을 이용해서 세 유전자 A, B, C의 지도를 그려 보았어. 어떤 초파리는 염색체에 세 유전자가 A-B-C의 순서로 배열되어 있었는데, 어떤 초파리는 C-B-A로 순서가 뒤집어져 있었어. 이렇게 염색체의 일부 조각이 뒤집히는 것을 '역위'라고 해. 같은 종에서, 그것도 집단 내에서, 유전적 변이가 일어나는 것을 도브잔스키가 최초로 발견한 거야. 바로 이러한 유전적 변이는 진화의 원동력으로 작용했지. 도브잔스키는 여기서 멈추지 않고 유전적 변이가 어떻게 자연 선택 되고 진화를 일어나게 하는지 실험해 보았어.

1943년 두 상자 안에 두 초파리 집단(개체군) ABC와 CBA를 1:1로 섞어서 넣었어. 그런 다음 한 상자는 온도가 낮은 곳에 두고, 한 상자는 실온에 두었지. 그리고 4개월이 지난 후에 상자를 열어서 개체 수를 조사해 본 거야. 저온 상자에서는 ABC 개체 수가 거의 두 배로 늘어나고, CBA 개체 수는 반으로 줄었어. 반면 실온 상자에서는 정반대로 CBA 개체 수가 두 배로 늘고, ABC가 반으로

유전학이 진화론까지 나아가다

유전자가 염색체에 있다는 것을 확인하고 유전적 변이가
자연적으로 풍부하게 일어나 개체들이 환경에 적응하는 과정에서
진화가 일어난다는 사실을 확인하기까지 수많은 실험과 관찰이
행해졌다. 초파리로 유전자 지도를 그린 모건과 야생초파리
유전자로 진화를 증명한 도브잔스키.

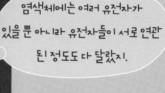

염색체에는 여러 유전자가
있을 뿐 아니라 유전자들이 서로 연관
된 정도도 다 달랐지.

토머스 헌트 모건

우리가 예상하는 것보다
훨씬 더 풍부하게 자연적으로
유전적 변이가 일어났어.

도브잔스키

줄어들었어. 상자의 온도가 자연 선택의 힘으로 작용해서 더 잘 적응한 개체가 살아남았지. 이때 초파리 집단에서 더 우월한 유전자는 없었어. 유전자는 환경과 상호작용할 뿐이었어.

도브잔스키는 갈라파고스 제도의 핀치를 상자 속의 초파리로 바꾸어 '자연 선택에 의한 진화'를 증명한 거야. 자연환경은 초파리의 유전자 변이를 선택했지. 살아남은 유전적 변이가 세대를 거듭하면서 새로운 초파리 종도 출현시켰어. 그는 자신의 연구 결과를 바탕으로 당시 유행하던 우생학을 비판했어. 제2차 세계대전 중에 독일, 미국, 러시아에서 우생학이 유전학을 오염시키고 있었지. 유대인 학살과 인종 차별을 과학의 이름으로 정당화했으니까. 우생학자들은 인간의 지능, 키, 성격, 도덕성 등이 유전자에 의해 결정된다고 주장했어. 이에 맞서려고 도브잔스키는 '유전자형'과 '표현형'이라는 용어를 부활시켰어. 유전자형은 한 생물의 유전적 조성을 말하고, 표현형은 눈 색깔이나 키처럼 생물의 신체에 나타나는 특징을 말해.

우생학자들은 유전자 하나가 신체 특징 하나를 결정한다고 주장했어. 유전자형과 표현형이 1:1로 대응되는 것처럼 말이야. 하지만 유전자가 생물의 신체 특징으로 발현되는 과정은 훨씬 복잡했어. 예컨대 초파리에게서 날개의 크기를 결정하는 유전자는 온도에 크게 의존했지. 유전자 하나만으로 초파리의 날개가 결정되는 것은 아니었어. 유전자와 환경, 우연적 사건이 결합해서 하나의 표현형이 나타난 거야. 도브잔스키는 우생학자들에게 유전학의 논리를 지나치게 단순화하지 말라고 경고했어.

유전자의 세계에서 도덕적으로 옳은 것은 없었어. 생물학적으로 우월한 것도 없었지. 미국이나 유럽의 우생학자들은 인위선택을 통해 인류의 '선'을 도모하자고 주장했지만 자연에서 '선'이라는 것은 없었어. 어떤 개체가 선하고 우월해서 살아남은 것이 아니었잖아. 다윈이 말한 대로 진화는 우연적이고 맹목적으로 일어났어. 도브잔스키는 다윈의 진화론을 유전학적으로 입증한 거야. 야생의 초파리를 가지고 진화가 일어나는 것을 눈으로 직접 확인했으니까. 다윈이 그토록 애타게 찾던 유전의 수수께끼를 풀었지.

도브잔스키는 진화생물학과 실험생물학을 융합해서 진화유전학이라는 새로운 학문을 출범시켰어. 그는 "생물학에서 진화를 빼고는 이해되는 것은 아무것도 없다."라는 유명한 말을 남겼지. 이러한 유전학과 진화론의 융합을 신다윈주의 종합 또는 현대적 종합(Modern Synthesis)이라고 부른단다.

3. DNA 구조를 보다

세균의 형질 전환

유전자는 염색체의 특정한 위치에 있는 물질로 밝혀졌어. 그렇다면 유전자가 어떠한 물질일까? 이 질문은 화학의 영역이었어. 물질이 결합하고 분리되어 다른 성질의 물질로 변하는 과정이니까. 그런데 생물학자들은 유전자를 화합물, 즉 화학적 형태로 생각하지 않았어. 유전자가 전달될 때 세포 속에 갇혀 있어서 화학적으로 파헤칠 수 없었거든. 생식 세포가 감수 분열을 할 때 유전 물질은 세포 안에서 분열한 뒤에 딸세포로 나눠 들어가. 이렇게 유전자가 세포 밖으로 나오지 않으니까 생물학자들은 그것이 어떤 물질인지 확인할 수 없었지.

유전자를 주고받는 방식에는 두 가지가 있어. 우리 인간과 같이 유성 생식을 하는 생물은 세대를 거치면서 유전자를 전달해. 부모에서 자식으로, 위에서 아래로 수직으로 유전자가 이동하는 거야. 그런데 세균들 사이에서는 유전자가 수평적으로 교환될 수 있어. 세포 두 개가 만나서 통로를 만들어 유전자를 주고받는 거야. 이렇게 유전자가 이동해서 형질의 변화를 일으키는 것을 '형질 전환'이라고 해. 만약 유성 생식을 하는 종에서 이런 수평적 유전자 이동이 일어나면 큰일 날 거야. 금발과 흑발의 사람이 만나서, 서로 머리 색깔을 바꾸는 형질 전환이 일어나면 안 될 테니까.

세균들 사이에서만 일어나는 '형질 전환'은 1928년 프레더릭 그리피스라는 영국의 세균학자가 발견했어. 그는 스페인 독감을 일으키는 폐렴 구균을 연구하고 있었어. 1918년 유럽 대륙을 휩쓴 스페인 독감으로 거의 2000만 명이나 목숨을 잃었거든. 세균성 폐렴에 감염되면 치명적이었기에 백신 개발을 서둘렀어. 그 과정에서 유전학에서 중요한 실험을 하게 된 거야.

그리피스는 폐렴 구균에 두 가지 형태가 있다는 것을 알아냈어. 매끄럽게 생긴 세균과 울퉁불퉁하게 생긴 세균이 있었지. 매끄러운 세균은 세포 표면을 매끄러운 당 껍질로 감싸고 있어서 면역계의 공격을 잘 피했어. 울퉁불퉁한 세균은 당 껍질이 없어서 면역계의 공격에 취약했지. 매끄러운 세균을 주사한 생쥐는 금방 폐렴에 걸려서 죽고 말았어. 반면에 울퉁불퉁한 세균을 주사한 생쥐는 면역 반응을 일으키고 살아남았어. 매끄러운 세균은 병원성을 띠고, 울퉁불퉁한 세균은 비병원성을 띠고 있었던 거야.

어느 날 그리피스는 매끄러운 세균을 가열해서 생쥐에게 주사했어. 세균의 병원성이 죽은 상태라서 생쥐는 멀쩡히 살아남았지. 그 다음에 매끄러운 세균을 가열해서 울퉁불퉁한 세균과 혼합했어. 죽은 병원성 세균과 비병원성 세균을 섞은 거야. 그것을 생쥐에게 주사했어. 그랬더니 생쥐는 금세 죽고 말았어. 병원성 세균을 가열해서 주입했는데 왜 생쥐가 죽었을까? 그리피스는 궁금해서 죽은 생쥐를 부검해 보았어. 놀랍게도 비병원성인 세균이 병원성 세균으로 변해 있었어. 죽은 병원성 세균의 유전자가 이동해서 울퉁불퉁한 세균을 병원성 세균으로 '형질 전환'한 거야.

세균은 단세포의 미생물이잖아. 세포는 화합물들을 막으로 싼 주머니라고 할 수 있어. 형질 전환은 죽은 세균의 세포 속에서 유전자가 빠져나와서 살아 있는 세균의 세포 안으로 들어간 것을 뜻해. 유전자가 화합물의 최소 단위인 분자로 있다가, 다른 세포로 이동해 유전 정보를 전달한 것이 분명했어. 그리피스의 세균 실험은 유전자가 분자이며 화학 물질이라는 것을 증명한 거야. 그 후 과학자들은 생명 현상을 세포의 화학 반응으로 이해하게 되었어. 생물학을 화학의 언어로 설명하는 생화학이 등장하게 된 거야.

1940년대에 생화학자들은 세포를 터뜨려서 화학적 성분을 분석했어. 그러고 나서 다양한 분자들이 있다는 것을 파악했지. 특히 유전자가 들어 있는 생물학적 구조물을 염색질이라고 하는데 여기에 두 종류의 화학 물질이 있다는 것을 알아냈어. 바로 단백질과 핵산이야. 유전자는 이 둘 중의 하나겠지. 단백질일까? 아니면 핵산일까?

대부분 과학자들은 단백질이 유전자일 거라고 생각했어. 단백질은 생명 활동의 모든 것을 관장하거든. 물질대사, 호흡, 세포 분열, 신호 전달에 관여하고, 종류도 다양했어. 생명체를 만드는 유전 정보를 실어 나르려면, 복잡하고 정교한 화학 구조를 가진 단백질이 적합하다고 생각했지.

반면에 핵산은 단백질에 비해 너무나 구조가 단순해서 볼품없고 초라해 보였어. 핵산은 세포핵(nucleus)에 있다고 해서 뉴클레인(nuclein)이라고 불렀어. 나중에 산성을 띠고 있어서 핵산(nucleic acid)이라고 이름을 바꾸었지. 핵산은 화학적으로 DNA와 RNA의 두 가지 형태로 있었어. DNA는 아데닌(A), 구아닌(G), 시토신(C), 티민(T)의 4개 염기를 가졌고, RNA는 티민 대신에 우라실(U)이 있었어. 핵산의 생김새나 화학적 조성은 아주 단순했어. 염기가 사슬에 붙어서 단순 반복된 형태, 곧 AGCT-AGCT-AGCT…… 였거든. 여기에 유전 정보가 들어 있을 것 같지는 않았어.

누가 추측이나 할 수 있었겠어?

오즈월드 에이버리(1877~1955)는 뉴욕 록펠러 대학교에서 미생물을 연구하는 교수였어. 그리피스의 형질 전환 실험 소식을 듣고는 의심이 들었지. 그도 오랜 시간 폐렴 구균을 연구해 왔거든. 어떻게 화학 물질의 잔해가 한 세포에서 다른 세포로 유전자를 전달할 수 있을까? 그는 1940년에 그리피스의 실험을 똑같이 재현해 보았어. 실험 결과는 그리피스가 옳았다는 것을 말해 주고 있었어. 의심을 거둘 수밖에 없었단다.

도대체 유전자는 어떤 화학 물질일까? 에이버리는 여러 배지에 세균을 키워서 유전 물질을 찾는 작업에 착수했어. 세균에서 화학 물질 성분을 하나 하나 제거하면서 유전 정보를 전달하는 능력을 검사한 거야. 먼저 세균의 겉 부분을 모두 제거했어. 그래도 형질 전환 능력이 남아 있었지. 이번에는 세균의 지질을 알코올로 녹였어. 그래도 여전히 형질 전환이 되었지. 그다음에 단백질을 클로로포름으로 녹여서 제거했어. 그래도 유전자의 전달 능력에는 변함이 없었어. 다시 여러 효소를 써서 단백질을 분해하고, 가열하고 산을 첨가해서 단백질을 응고시켰어. 그래도 끄떡없이 유전 물질은 전달되었어. 당이나 지질, 단백질은 유전 물질이 아니었던 거야.

남은 것은 핵산뿐이었어. 먼저 RNA를 분해하는 효소를 넣어 보았어. 아무런 변화가 나타나지 않았지. 그다음에 효소로 DNA

를 분해시켜 본 거야. 그랬더니 형질 전환 능력이 없어졌어. 바로 DNA가 유전 물질이었던 거야. 미심쩍어서 여러 번 실험을 해 보았지만 실험 결과는 똑같았어. "대체 누가 추측이나 할 수 있었겠어?" 에이버리는 유전학자들이 오랫동안 꿈꾸었던 '유전자의 물질'을 발견하고도 어안이 벙벙했지. 그는 제2차 세계대전이 막바지로 치닫던 1944년에 DNA의 정체를 세상에 알렸어.

한편 『생명이란 무엇인가』라는 책이 과학자들 사이에서 광풍을 일으키고 있었어. 책 제목만 보면 생물학자가 쓴 것 같지만 이 책은 양자역학에서 슈뢰딩거 방정식으로 유명한 물리학자 에르빈 슈뢰딩거(1887~1961)가 쓴 거야. 1933년에 노벨 물리학상을 받은 슈뢰딩거는 살아 있는 생물을 물리와 화학의 법칙으로 설명할 수 있다는, 파격적인 주장을 했어. 생명 현상을 원자, 분자의 물질 단위로 환원할 수 있다고 본 거야. 특히 유전자에 대해 구체적으로 예측했어. 독특한 분자 구조의 유전자는 모든 생명 활동을 지시하는 정보를 압축적으로 담고 있을 거라고 말이야. 슈뢰딩거의 이러한 통찰은 물리학자나 화학자, 생물학자 모두에게 영감을 주었어.

20세기 초반에 원자의 구조가 밝혀졌잖아. 앞서 5장 원자에서 보았듯이 물리학자들이 원자의 구조를 알아내어 화학에 큰 도움을 주었어. 주기율표에 나오는 원소들의 화학적 성질이 왜 다른지를 설명할 수 있었으니까. 그다음에는 분자에 관심이 쏠렸어. 분자는 원자들이 화학적으로 결합한 거야. 분자의 구조를 분석하면 화학적 성질을 알 수 있다고 생각했지. 원자들이 특정한 방법으로 결합하는데 이러한 분자의 구조가 어는점이나 녹는점과 같은 성질을 나타낸다고 본 거야.

미국의 화학자 라이너스 폴링(1901~1994)은 분자의 구조를 이해하는 새로운 방법으로 'X선 구조 결정학'을 찾아냈어. 마술과 같은 방법이었지. 이 방법으로 한 번도 본 적 없는 분자의 모습을 형상화할 수 있었어. 먼저 액체나 기체 상태의 분자는 마구 돌아다니니까, 용액에 녹이거나 건조시켜서 고체로 바꾸었어. 대부분의 고체는 원자들이 반복되는 3차원의 결정 형태로 있거든. 이 결정에 X선을 쏘는 거야. 그러면 다면체의 결정에 X선이 부딪히고, 겹치고, 흩어지면서 그림자를 만들어 내겠지.

예를 들어 정육면체에 다양한 각도에서 빛을 비춘다고 해 보자. 정면에서 비추면 정사각형 그림자가 나오고, 비스듬히 비추면 다이아몬드 모양의 그림자가 나오지. 이런 식으로 100만 개 정도의 2차원 영상을 종합하면 3차원의 이미지를 구현할 수 있어. 진짜 분자의 구조를 알게 되는 거지. 실제 금속이나 광물질의 구조를 보는 데 썼던 X선 회절 분석은 엄청나게 힘든 작업이었어.

폴링은 생명 활동의 핵심 분자로 알려진 단백질에 주목했어. 분자 수준에서 단백질의 구조를 이해하면 유전의 비밀을 풀 수 있다고 생각했지. X선 회절 분석으로 단백질의 구조를 밝히려고 한 거야. 하지만 단백질은 연구하기가 아주 까다로웠어. 크기가 다양

200

해서 어떤 것은 수만 개의 원자로 구성된 거대 분자였거든. 또한 단백질은 조금만 가열하면 성질이 변해 버렸어. 산이나 알칼리 처리를 하거나 휘젓기만 해도 변성이 되었지. 폴링은 단백질이 3차원의 구조라서, 구조가 파괴되면 제 기능을 잃어버린다고 판단했어.

단백질은 20여 종의 아미노산으로 구성되어 있는데 이 아미노산들이 연결되고 결합되는 과정이 중요했어. 아미노산이 어떤 순서로, 어떻게 배열되는지에 따라 서로 다른 단백질이 만들어졌거든. 이렇게 단백질의 특성을 결정한 것은 바로 분자의 구조였어. 어떤 모양으로 생겼는지가 단백질의 기능을 결정했던 거야. 분자의 물리적 구조 때문에 그런 화학적 특성을 가지게 되었고, 그 화학적 특성이 생명의 비밀을 쥐고 있었지.

폴링은 1936년에 단백질의 기본 구조를 밝히는 데 성공하고, 그 업적으로 1954년에 노벨 화학상을 받았어. 그도 대부분의 과학자들처럼 처음에 단백질이 유전 물질이라고 생각했어. 에이버리의 실험 소식을 듣고는 유전자가 단백질이 아닌 DNA라는 것을 알고, 본격적으로 DNA 연구에 뛰어들었어.

한 명의 여성 과학자와 세 명의 과학자

한편 DNA 구조에 관심을 둔 과학자는 폴링만이 아니었단다. 영국의 젊은 물리학자, 생화학자, X선 구조 결정학자도

DNA 연구에 빠져 있었어. 런던 킹스 칼리지의 모리스 윌킨스(1916 ~2004)와 로절린드 프랭클린(1920~1958), 케임브리지 대학의 제임스 왓슨(1928~)과 프랜시스 크릭(1916~2004)이 바로 이들이야. 이 네 명의 과학자들은 공통점이 있었어. 모두 슈뢰딩거의 『생명이란 무엇인가?』를 읽고 유전자에 매료되었지. 윌킨스는 물리학자였다가 생물물리학자로 변신하고, 왓슨은 조류학을 공부하다가 화학과 물리학으로 돌아섰어. 크릭은 물리학에서 생물학 대학원으로 전공을 바꾸었지. 프랭클린은 X선 결정학을 연구하다 DNA 분자의 연구에 매달렸어. 젊고 야심만만한 과학자들에게 DNA는 멋진 목표였거든. 이들은 DNA가 진정 유전자라면 그 구조에 유전자의 본질이 있을 것이라고 생각했지.

윌킨스는 X선을 가지고 DNA 구조를 해명하는 연구 과제를 시작했어. 1951년에 킹스 칼리지의 연구실로 온 로절린드 프랭클린을 만났는데 그 둘의 만남은 처음부터 삐걱거렸어. 프랭클린은 남성들이 지배하는 과학계에서 독립심이 강한 여성 과학자였거든. 윌킨스가 공동 연구를 제안하긴 했지만 거의 조수와 같은 역할이었지. 독자적으로 DNA를 연구하고 싶은 프랭클린은 윌킨스의 제안을 받아들일 수 없었어. 어쩔 수 없이 이 둘은 한 연구실에서 냉랭한 관계로 지내고 있었지.

그해에 윌킨스는 이탈리아 나폴리 학회에서 미국의 생물학자 왓슨을 우연히 만났어. 학회 강연에서 윌킨스가 DNA의 X선 회

절 사진을 보여 줬는데 왓슨이 그 사진에 확 꽂힌 거야. 훗날 왓슨
은 "갑자기 화학에 열의가 솟구쳤다."고 회상했지. 스물세 살의 나
이에 무엇이 두렵겠어. 왓슨은 DNA의 구조를 밝히겠다는 결심을
하고, 무작정 영국으로 갔어. 그러고는 케임브리지의 연구실에서
크릭을 만난 거야. 당시 크릭은 서른다섯 살이었는데 이 둘은 열두
살의 나이 차이를 뛰어넘어 진정한 친구가 되었어. 똑같이 DNA에
미쳐서 끝없이 대화를 나누었지. 어찌나 아이들처럼 떠들어 대는
지 둘만 연구실을 따로 배정받을 정도였어.

그들에게 지적 영웅은 라이너스 폴링이었어. 1951년 4월
폴링이 단백질의 기본 구조를 밝힌 논문을 발표했거든. 왓슨과 크
릭은 폴링의 성공에 고무되었어. 폴링처럼 막대기와 돌멩이를 조
립해서 DNA의 모형을 만들고 싶었지. DNA는 당과 인산으로 이뤄
진 사슬이 있고, 그 사슬에 네 가지 염기가 붙어 있는 모양일 것이
라고 예측했어. 그러면 DNA의 뼈대가 되는 긴 사슬은 어떤 모양일
까? 소라 껍질처럼 빙빙 비틀려 돌아간 나선 모양일까? 아니면 사
다리처럼 쭉 뻗은 막대 모양일까? 삼중 나선일까, 이중 나선일까?
과학적으로 타당한 온갖 모형을 맞춰 보고 있었어.

그 사이에 프랭클린은 실험실에서 DNA 사진을 찍는 데 온
힘을 기울였어. DNA를 가공해서 만든 결정에 X선을 쏘고, 그 신호
를 필름에 기록한 거야. 그녀는 모형보다 실험 자료가 DNA 실체
를 보여 줄 것이라고 믿었어. 1951년 11월에 킹스 칼리지에서 이

DNA 사진을 가지고 발표를 했어. 프랭클린은 DNA를 "몇 개의 사슬로 이루어진 커다란 나선"이라고 추론했는데, 그 자리에 왓슨이 있었어. 왓슨과 크릭은 프랭클린의 예비 자료에서 많은 것을 간파했어. 서둘러 케임브리지로 돌아가서 모형을 구축했지. 둘이 머리를 맞대고 구상한 모형은 삼중 나선이었어. 당과 인산으로 된 세 줄기 사슬이 나선 모양으로 비틀려 있고 아데닌, 구아닌, 시토신, 티민 염기가 사슬에서 바깥으로 향하고 있는 모형을 만들었어.

이번에는 윌킨스와 프랭클린이 케임브리지에 와서 왓슨과 크릭의 모형을 보았어. 첫눈에 봐도 뭔가 잘못되었다는 것을 알 수 있었지. 여러모로 불안정한 모형이었거든. 프랭클린의 깐깐한 비판에 왓슨과 크릭은 의기소침해질 수밖에 없었어. 참담한 실패 후, 대서양을 건너 더욱 우울한 소식이 들려왔어. 미국의 캘리포니아 공과대학에서 폴링과 로버트 코리가 DNA 구조 논문을 발표했다는 거야. 한 순간 왓슨은 모든 것을 잃은 듯 낙담하고, 폴링의 논문 사본을 펼쳐 보았어. 그런데 폴링의 DNA 모형은 왓슨과 크릭의 실수를 그대로 재현하고 있었지. 천재 폴링도 삼중 나선에 염기를 바깥으로 향하는 모형을 제안했던 거야. 왓슨과 크릭은 안도의 한숨을 내쉬고 다시 DNA 연구에 박차를 가했어.

복제, 정보, 변이

1953년 1월에 왓슨은 윌킨스를 만나러 런던에 갔단다. 잠시 프랭클린의 연구실에 들렀을 때 윌킨스는 왓슨에게 프랭클린이 찍은 DNA 사진을 보여 주었어. 물론 프랭클린의 허락을 받지 않은 채 말이야. 지난해 5월에 찍은 그 사진은 DNA 핵심 골격이 선명하게 드러나 있었어. 프랭클린이 51이라는 번호를 붙인 사진은 호랑이 줄무늬 같은 까만 줄이 강렬한 X자를 보여 주고 있었지. X자가 무엇을 의미할까? 바로 사슬이 두 개이고, 그 두 개의 사슬이 꼬여서 돌아가는 나선형이라는 거지.

왓슨은 나중에 『이중 나선』이라는 책에서 이렇게 고백해. "사진을 보는 순간, 내 입은 쩍 벌어졌고 맥박이 마구 뛰기 시작했다. 이전에 찍은 것들보다 믿어지지 않을 만치 단순한 패턴이 나타나 있었다. 검은 십자는 오직 나선 구조에서만 나올 수 있었다. 몇 분만 계산해도, 분자의 사슬 개수를 알 수 있었다."

왓슨과 크릭은 윌킨스로부터 프랭클린의 51번 사진뿐만 아니라 윌킨스와 프랭클린이 연구한 DNA 보고서도 건네받았어. 프랭클린은 자신의 소중한 사진과 보고서가 왓슨과 크릭에게 전해졌다는 사실을 전혀 몰랐지.

어떻든 프랭클린 덕분에 DNA 모형이 만들어졌어. 두 개의 사슬이 휘어지는 경사도의 측정값까지 정확하게 알 수 있었거든.

유전자를 담은 DNA의 구조

로절린드 프랭클린이 찍은 X선 회절 사진은 왓슨과 크릭이
이중 나선으로 DNA 모형을 완성하는 데 결정적 역할을 한다.

로절린드 프랭클린

저 사진을 보는 순간
DNA가 이중 나선 구조라는 걸
알았지.

왓슨과 크릭

당과 인산의 사슬은 바깥에 놓았는데, 문제는 그다음이었어. 염기 네 개를 어떻게 배치할까? 아데닌(A), 구아닌(G), 시토신(C), 티민 (T) 사이에는 어떤 규칙이 있었어. 1950년에 뉴욕 컬럼비아 대학의 샤가프가 발견한 것인데 DNA에서 아데닌 분자 수는 언제나 티민 분자 수와 거의 같다는 거야. 마찬가지로 구아닌과 시토신의 분자 수도 같았어. 왓슨은 염기 모양으로 자른 퍼즐 조각을 만지작거리 다 놀라운 사실을 깨달았어. A가 수소 결합(두 개의 원자 사이에서 수소 원자가 결합되어 일어나는 결합 형식)으로 T하고 결합한 모양이 C가 G와 결합한 모양과 똑같았던 거야.

A는 늘 T하고만 결합하고, C는 늘 G하고만 결합했지. 샤 가프의 규칙대로 A와 T, C와 G의 양은 똑같았어. DNA의 사슬에 서 하나가 나타나면 반대편 사슬에 다른 하나가 어김없이 나타 났던 거야. 서로 맞물려서 보충하는 관계를 상보적이라고 하는데 DNA 염기들이 상보적 결합을 하고 있었지. 이러한 염기쌍이 DNA 의 비밀이었던 거야. 왓슨과 크릭은 1953년 3월에 완벽한 3차원의 DNA 모형을 만들었어. 당과 인산의 사슬은 바깥쪽으로 비틀리면 서 나선을 형성하고, 염기들은 원통형의 계단처럼 연결되어 있었 어. A는 T, C는 G와 짝을 짓고 있었고, 염기쌍의 분자력이 두 가닥 을 지퍼처럼 묶고 있었던 거야.

DNA 구조를 보면 자연이 유전자를 어떻게 복제하는지 알 수 있었어. 사슬이 두 개니까 필요할 때 사슬이 풀려서 떨어질 수

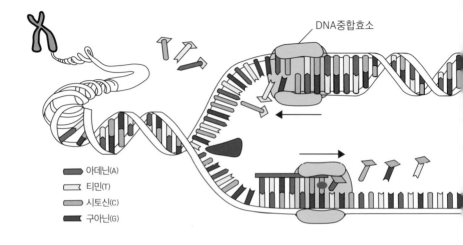

DNA의 복제 메커니즘. DNA에서 A는 늘 T하고만 결합하고, C는 늘 G하고만 결합한다. 바깥쪽의 뼈대는 당과 인산으로 되어 있다. DNA 사슬이 풀려서 복사본이 만들어진다.

있어. 그러면 두 사슬은 각각 그에 어울리는 다른 사슬을 만들어 결합할 수 있어. A는 언제나 T와 붙고 C는 G와 붙게끔 되어 있으니까. 이렇게 하나의 사슬에서 복사본 두 개가 만들어지는 것이 유전자의 복제 원리야.

DNA 구조의 핵심은 대칭 구조와 A, T, G, C의 부호에 있었어. 두 가닥의 사슬이 대칭으로 꼬여 있어서 생명이 생명을 만드는 복제가 가능하고, 부호로 되어서 복잡하고 많은 정보를 압축적으로 저장할 수 있었지. 또 DNA가 단순한 부호 배열이다 보니, 작은 변화로 돌연변이가 일어날 수 있었어. ACT(행동)가 CAT(고양이)로 철자가 뒤바뀌면 뜻이 완전히 변하는 것처럼 말이야. 이렇게 DNA

는 '복제', '정보', '변이'의 세 가지 역할을 훌륭히 수행하도록 생겼어.

1953년 4월 25일, 왓슨과 크릭은 〈네이처〉에 「핵산의 분자 구조」라는 논문을 발표해. 그 논문 마지막에 이렇게 썼지. "우리가 해석해 낸 이 구조를 통해 유전자가 어떻게 복제되어 유전되는지를 즉시 알게 되었다." DNA 구조를 보고 유전자라는 것을 즉시 알 수 있었다는 거야. 이렇게 분자를 3차원 구조로 구현해 보니까 유전자가 염기끼리 결합해서 복제한다는 것이 드러났어.

1962년에 왓슨과 크릭, 윌킨스는 DNA의 발견으로 노벨상을 받았어. 그런데 프랭클린의 이름은 수상자 명단에 없었어. 그녀는 1958년, 서른일곱의 젊은 나이에 난소암으로 세상을 떠났거든. X선 사진으로 결정적인 기여를 했는데도 그녀를 기억하는 사람은 없었지. 10년이 지난 후, 1968년에 왓슨은 『이중 나선』이라는 책을 출간했어. 그 책에서 프랭클린은 "못된 로지", "다크 레이디"(dark lady)로 등장해. 못된 성깔에 연구 자료를 혼자 독점하고 보여 주지 않으려는 여자, 안경을 벗고 머리를 손보면 미인 소리를 들을 수 있는 여자로 말이야. 이미 고인이 된 그녀는 거기에 어떤 해명도 할 수 없는 처지였어.

4. 인간 유전체를 알다

유전자에서 단백질로

유전자가 단백질을 만든다는 것은 DNA 구조가 밝혀지기 10여 년 전에 알려졌어, 1945년에 조지 비들과 에드워드 테이텀이 라는 두 과학자가 유전자가 단백질 분자의 형태를 지시한다는 연구 논문을 발표했거든. 유전자가 단백질을 만들 정보를 가지고 있을 것이라고 예측했지. 비들과 테이텀은 이 발견으로 1958년에 노벨상을 받았어. 유전자가 단백질을 만드는 것이 바로 '유전자의 작용'이었던 거야.

DNA 구조를 발견하고 나서, 그다음 문제는 유전의 메커니즘을 알아내는 것이었어. 왓슨과 크릭이 발견한 DNA는 A, T, G, C

로 이뤄진 염기 서열의 형태였잖아. 염기쌍으로 된 두 개의 사슬이 빙빙 돌아가면서 꼬여 있었지. 그 구조가 어떻게 꼬여 있건 상관이 없고, 유전 정보를 제공하는 것은 A, T, G, C의 염기 서열이었어. 그래서 DNA의 정보를 1차원 디지털 정보라고 해. 0과 1의 두 가지 숫자로 모든 정보를 지시하는 컴퓨터 기계어와 같은 거지. 책 위에 써 있는 문장을 생각해 봐. 숫자와 문자는 종이가 구겨져도 그 내용을 알아볼 수 있잖아. 그처럼 1차원의 DNA 정보는 뜨거운 물에 끓여도 파괴되지 않았어.

반면에 단백질은 3차원 구조를 가지고 있었지. 철삿줄을 비틀고 구부려서 뭉쳐 놓은 것처럼 독특한 모양을 하고 있었어. 이 형태 구축 능력 때문에 단백질은 세포에서 다양한 기능을 하는 거야. 그러면 1차원적 DNA 정보가 어떻게 3차원 단백질로 전환될 수 있을까? 왓슨과 크릭은 이 둘 사이를 연결하는 뭔가가 필요하다고 생각했어. 핵산에는 DNA와 RNA가 있잖아. 그들은 RNA가 DNA에서 단백질로 메시지를 전달하는 중간 분자라고 추정했지. DNA 정보는 핵 속에 있고, 단백질이 생산되는 곳은 핵 밖의 세포질이거든. 염색체 전체가 핵과 세포질 사이를 왔다 갔다 할 수는 없으니까. DNA의 유전 정보가 한번 복사되어 RNA 사본으로 만들어지고, 그 RNA 사본이 단백질로 번역될 것이라고 추론한 거야.

DNA에서 RNA 사본이 생기는 과정에 '베끼다'는 뜻의 '전사'라는 이름을 붙였어. DNA와 RNA의 화학 성분과 구조가 거의

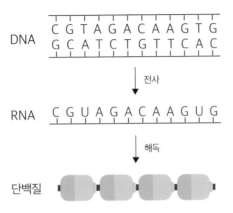

DNA   C G T A G A C A A G T G
           G C A T C T G T T C A C

↓ 전사

RNA   C G U A G A C A A G U G

↓ 해독

단백질

DNA가 단백질의 언어로 바뀌는 과정. 일차원 정보가 삼차원 정보로 변환된다.

비슷하니까 베끼는 수준의 복사가 가능해. 그런데 RNA 사본에서 단백질로 전환되는 과정은 A, U, G, C의 1차원 정보가 3차원의 정보로 바뀌는 거야. DNA 언어에서 단백질의 언어로 바뀌는 것이니까, 이 과정을 '번역' 또는 '해독'이라고 불렀어.

1960년에 프랑스의 생화학자 프랑수아 자코브(1920~2013)와 영국의 유전학자 시드니 브레너(1927~2019)가 세균 세포에서 전령 RNA를 분리해 냈어. 이 RNA는 DNA처럼 네 가지 염기가 줄줄이 엮여 있는데 DNA의 T(티민) 대신에 U(우라실)가 들어 있었지.

그러면 RNA의 사본으로 바뀐 DNA 정보는 어떻게 단백질로 번역되는 것일까? DNA는 A, T, G, C의 네 개 염기가 있고, 단백질은 20개의 아미노산으로 되어 있어. 네 개의 염기로는 아미노산

20개를 지정할 수가 없잖아. 염기를 두 개씩 조합한다면 AA, AT, AG, AC…… 식으로 4×4=16개가 나오니까, 20개의 아미노산을 지시하기에는 모자라. 염기가 적어도 3개는 조합되어야 할 거야. ACT, ACA, ATA, AGC……로 4×4×4=64가 나오니까 충분히 아미노산을 지정할 수가 있어. 이렇게 크릭은 유전 정보가 세 개의 염기로 있다는 것을 알아냈지. 3염기의 유전 부호를 '코돈'(codon)이라고 하고, 하나의 코돈이 하나의 아미노산을 지정한다고 보았어.

1965년경에는 아미노산에 상응하는 DNA 코드가 해독되었어. 예를 들어 ACT는 아미노산 트레오닌, CAT는 히스티딘, CGT는 아르기닌이라는 것이 밝혀졌지. DNA의 염기 서열은 세 개씩 묶여서 아미노산으로 전환되는 거야. ACT-GAC-CAC-GTG……로 이어진 DNA는 RNA로 복사되고, RNA는 아미노산으로 번역되어, 최종적으로 단백질이 만들어졌어. 유전 정보는 DNA에서 RNA를 거쳐 단백질로 흘러갔지. 이 과정은 두 단계로 이루어졌어. 유전 정보를 RNA로 베껴서 쓰고(전사), 그 부호를 풀어서(해독) 단백질을 합성하는 거야. 크릭은 이것을 생물학적 정보의 '중심 원리'라고 했어. 모든 생물체가 DNA라는 유전 정보를 공유하고, 똑같은 방식으로 작동했으니까.

DNA가 단백질을 만드는 데 중간에 RNA를 매개체로 활용한 것은 다 이유가 있었어. 하나의 염색체는 하나의 DNA 분자로 이뤄졌잖아. 염색체는 정말 길고 긴 하나의 DNA 사슬이야. DNA

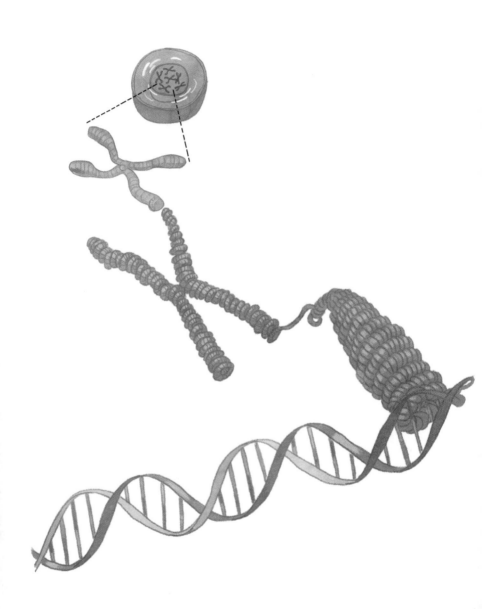

에는 수많은 유전자가 있어. 유전자에는 하나의 단백질을 만들라고 명령하는 지시문이 들어 있지. 사람의 경우, 하나의 염색체에는 평균 1000개의 유전자가 있어. DNA 사슬을 통째로 복사하면 엄청난 낭비일 거야. 1000개의 유전자를 모두 복사할 것이 아니라 해당 유전자 하나만 복사하면 되겠지. DNA는 핵에 보관된 귀중한 원본이야. 유전 정보가 중요하니까 단백질을 만드는 데 직접 나서지 않고 RNA를 활용해서 필요한 부분만 복사한 거야.

필요한 단백질만 만든다

DNA 구조의 발견은 유전학에서 큰 획을 긋는 사건이었어. 생체 분자인 DNA의 구조를 이해하고, 생명의 비밀을 분자 수준으로 연구하게 되었으니까. 유전학은 이제 새롭게 태동한 분자생물학으로 대체되었어. 왓슨과 크릭이 연구원으로 있었던 케임브리지대학의 캐번디시 연구소는 분자생물학의 메카가 되었지. 분자생물학의 탄생으로 DNA, 유전자, 유전체와 같은 새로운 용어가 생겨났어. 이러한 용어를 정확히 아는 것이 앞으로 생명과학을 공부하는 데 도움이 될 거야. 쉽게 이해하기 위해 다음과 같이 비유를 해 보았어.

모든 생명체는 유전 정보를 세포핵 속의 염색체에 저장하고 있잖아. 고등 동식물은 염색체를 두 벌씩 가지고 있어. 사람은 염색체가 23쌍, 즉 2×23＝46개가 있지. 하나의 염색체는 하나의 DNA 분자야. 염색체가 카세트테이프라면 DNA는 테이프라고 할 수 있어. 사람은 46개의 카세트테이프, 즉 46개의 DNA 분자에 유전 정보를 압축 저장하고 있는 거야. 46개 분자의 염색체 전체에 있는 모든 유전 정보를 '유전체'라고 해. 유전체는 유전자(gene)와 염색체(chromosome)를 합성한 말인 '게놈'(genome)이라고 불러.

　　DNA는 유전 정보를 저장하는 물리적 실체야. 카세트테이프 속의 테이프로 비유한다면 그 테이프에는 A, T, G, C의 염기 네 개가 나열되어 있지. 그런데 DNA에는 단백질 생산을 지시하는 정보를 가진 부분(엑손)이 있고, 단백질 정보를 갖지 않는 무의미한 부분(인트론)이 있어. 테이프에 녹음된 부분과 녹음이 안 된 부분이 있는 것처럼 말이야. 바로 유전자는 녹음된 부분이지. 하나의 단백질 생산을 지시하는 정보, 즉 명령문이 유전자야.

　　간단하게 예를 들면 -A-T-G-C-C-C-G-T-A-T-G-A- 와 같은 염기 서열이 있다고 가정하자. 처음의 -A-T-G-는 단백질 생산을 시작하라는 신호이면서 '메티오닌'이라는 아미노산의 암호야. 이어서 -C-C-C-는 '프롤린'이라는 아미노산을 불러오는 암호이고, -G-T-A-는 '발린'이라는 아미노산의 암호지. 그리고 마지막에 -T-G-A-가 단백질 생산을 종료하는 암호거든. 따라서 이 염기 서열의 암호를 풀면 '메티오닌-프롤린-발린'의 아미노산을 가지고 단백질을 만들라고 지시하는 거야. 20종의 아미노산을 연결한 분자가 단백질이니까 고등 생물은 유전자 하나가 이 것보다 훨씬 길어.

유전체는 한 생명체가 가지고 있는 유전 정보의 총합이야. 생물종마다 특정한 유전체가 있는데 모든 세포에 똑같은 유전체를 저장하고 있어. 왜냐하면 세포 분열 할 때 세포 속 유전체를 복사해서 새로운 세포에 나눠 주기 때문이야. 생명체의 모든 세포는 동일한 유전 정보를 가지고 있지. 그런데 왜 세포들은 저마다 다른 형태와 기능을 가질까? 어떻게 근육 세포, 적혈구 세포, 신경 세포 등이 생기고, 세포마다 서로 다른 단백질이 만들어지는 것일까? 세포에는 똑같은 유전체가 들어 있는데 왜 어떤 단백질은 만들어지고, 어떤 단백질은 만들어지지 않는 것일까?

프랑스의 파스퇴르 연구소에서 프랑수아 자코브(1920~2013)와 자크 모노(1910~1976)는 대장균에서 신기한 현상을 발견했어. 대장균은 포도당과 젖당이라는 두 가지 당을 먹고 사는데 두 당을 똑같이 먹는 것이 아니었어. 먼저 포도당만 먹어치운 다음에 잠시 멈췄다가 젖당을 먹는 거야. 대장균 입장에서 포도당이 젖당보다 에너지를 쉽게 얻을 수 있는 영양분이거든. 대장균은 포도당 분해 효소를 분비해서 포도당부터 먹었지. 효소는 생체 내의 화학 반응을 촉진하는 단백질이잖아. 효소 단백질도 결국 유전자가 만드는 거니까, 효소가 나타났다가 사라지도록 유도하려면 유전자의 어떤 작동이 있어야 할 거야.

자코프와 모노는 10년 넘게 이 연구에 매달렸어. 젖당을 분해하는 효소 단백질이 어떻게 유도되는지를 연구한 거야. 두 사람은 1959년에 젖당 오페론을 제시하는 논문을 발표했는데 이것은 유전자의 작동 원리를 밝히는 아주 중요한 발견이었어. 젖당의 분해와 흡수에는 세 가지 효소가 관여하고 있었지. 이 효소의 유전자들은 대장균의 DNA에 나란히 자리 잡고 있었어. 그 앞에는 단백질을 생산할지 안 할지를 조절하는 스위치가 있었던 거야. 이 스위치가 켜지면 RNA 사본으로 전사하고 단백질로 해독되었어. 단백질을 만들 필요가 없으면 이 스위치를 꺼서 전사의 단계부터 중지시켰지.

모노와 자코프는 스위치 조절 부위와 같은 기능을 하는 유전자를 묶어서 '오페론'이라고 불렀어. DNA에서 RNA로 전사가 진행되면 유전자가 '발현'되었다고 말해. 모노와 자코프가 발견한 오페론은 하나의 스위치로 유전자 발현을 효율적으로 제어하는 전사 단위였지. 조절 부위에는 여러 '전사 조절 단백질'이 붙었다 떨어졌다 할 수 있었어. 어떤 전사 조절 단백질은 스위치를 켜는 활성 인자 역할을 하고, 어떤 전사 조절 단백질은 스위치를 끄는 억제 인자 역할을 했어. 모든 세포는 똑같은 유전체를 가지고 있지만 유전자들은 선택적으로 활성화하거나 억제하면서 환경에 반응했던 거야.

사람이든 동물이든 하나의 세포에서 탄생하잖아. 단세포 배

유전자 발현의 비밀

모든 세포는 동일한 유전 정보를 가지고 있는데 왜 세포들은
저마다 다른 형태와 기능을 가질까? 왜 어떤 단백질은 만들고 어떤
단백질은 만들어지지 않는 걸까? 자코브와 모노는 효소 단백질이
유도되는 과정을 연구하여 유전자 작동 원리를 밝혀냈다.

DNA에서 RNA로 전사가
진행될 때 스위치와 같은 조절 기능을
하는 유전자들을 발견했어.

프랑소아즈 자코프

유전체에는 유전자의 목록만
있는 것이 아니라 유전자의
발현 순서까지 들어 있었어.

자크 모노

아에서 성체로 변화하는 것을 '발생'이라고 하지. 그러면 유전자는 하나의 세포에서 어떻게 하나의 개체로 자라나게 할 수 있을까? 발생학자나 유전학자 모두가 궁금해했던 문제인데 이것을 해결한 것이 '유전자 발현'이야. 유전체에는 유전자의 목록만 있는 것이 아니라 유전자의 발현 순서까지 들어 있었어. 생물의 발생 과정은 유전자들의 순차적 발현에 의해 조절되었지.

레고 블록이나 로봇 장난감을 사면 그 안에 부품과 조립 순서를 알려 주는 매뉴얼이 있잖아. 정교하고 복잡한 부품의 장난감일수록 조립 순서도가 아주 중요하지. 만약 조립 순서도가 없다면 뒤죽박죽 뒤섞여서 완성할 수 없을 테니까.

유전체를 흔히 생명의 청사진이나 설계도로 말하는데 그것은 적절한 비유가 아니야. 유전체는 그보다 요리법이나 종이접기 순서도라고 부르는 것이 더 적절해. 생물은 유전자들이 적절한 순서로 다른 유전자와 만나서 생긴 결과물이야. 유전자의 배열 순서는 생물들 사이에 큰 차이를 만들어 냈어. 지구의 생물들은 유전체를 통해 유전자 목록과 발현 순서에 대한 정보를 자손에게 전해 주는 거야.

재조합 DNA 기술

과학자들은 생물들의 유전체를 해독하면서 진화의 분자적 메커니즘을 연구하고 있어. 46억 년 된 지구의 역사에서 생명의 세포는 35억 년 전에 만들어졌지. 그에 비하면 인간 문명의 역사는 고작 5000년 정도이고, 산업 문명은 250년 정도밖에 안 되었잖아. 인간의 발명품은 살아 있는 세포의 복잡한 활동에 필적할 수 없어. 과학자들은 생물이 진화의 과정에서 개발한 것들을 연구해서 이용하고 있는 거야.

부모 사이에서 자식이 태어날 때, 아버지와 어머니의 유전 정보가 뒤섞이는 것이 DNA 재조합 과정이야. 자연이 늘 했던 일이 유전적 변이체와 유전적 잡종을 만드는 것이었지.

20세기 후반이 되어 생물들의 유전체 정보가 과학자들의 손으로 들어왔어. 과학자들의 관심은 유전자가 무엇인가에서 유전자가 무엇을 하는가로 바뀌었지. 과학자는 직접 DNA를 뒤섞어 자르고, 붙이고, 편집할 수 있게 되었어. 유전자의 암호를 읽고, 복제하고 재조합해서 새로운 생물체를 출현시킬 수 있게 된 거야. 인공적인 DNA 재조합은 유전학을 자연을 이해하는 과학의 세계에서 자연을 조작하는 기술의 세계로 떠밀었어. 유전학이 유전공학의 시대로 들어서게 된 거야.

생명 활동에서 가장 중요한 분자는 단백질이잖아. 생체의 모든 화학 반응을 관장하는 것은 효소 단백질이야. DNA를 자르고 붙이는 것도 효소지. 그러면 DNA를 조작할 수 있는 효소를 어디서 구할 수 있을까? 답은 세균의 세계에 있었어. 미생물학자들은 세균으로부터 효소를 추출했어. 세균 세포도 자신의 DNA가 손상되면 복제하고 연결하는 효소를 가지고 있었거든. DNA는 A, T, G, C의 중합체인데, 그 중합체를 만드는 효소가 DNA 중합 효소야. 이것으로 자신과 똑같은 DNA를 복제할 수 있어. 또 연결 효소가 있어서 DNA 뼈대의 끊긴 부위를 이어 붙일 수 있었단다.

과학자들은 미생물이 개발한 도구를 이용하려고 찾아보았어. 대부분의 생물의 세포는 DNA의 훼손에 대비해서 복제하고 연결하는 효소를 가지고 있었지. 그렇다면 DNA를 자르는 효소가 있을까? 과학자들은 처음에 DNA를 절단하는 효소가 있을 이유가 없다고 생각했어. 왜 자신의 DNA를 자르겠어? 그런데 바이러스나 세균과 같이 자원이 극도로 제한된 혹독한 환경에서 살아가는 생물에게는 특별한 장치가 있었어.

생물체에는 면역 체계가 있잖아. 한번 감염되면 정보를 기억했다가 나중에 똑같은 바이러스나 세균이 침입하면 항체를 만들어서 대응해. 세균에게도 이러한 면역 체계의 방어 기제가 있었던 거야. 외부에서 바이러스가 침입하면 세균은 효소를 꺼내서 바이러스의 DNA를 조각내 버렸어. 이 효소를 바이러스의 증식을 제한한다는 뜻에서 '제한 효소'라고 불렀어. 세균 종마다 서로 다른 제한 효소를 갖고 있었지.

1970년대 과학자들은 제한 효소를 이용해서 유전자 가위를 개발했어. 제한 효소는 원하는 유전자 염기 서열을 인식하고 잘라 낼 수 있었거든. 그다음 단계는 잘라 낸 유전자를 어떻게 다른 생물체에 넣느냐는 것이겠지. 유전 공학자들은 '플라스미드'라는 유전자 운반체를 찾아냈어. 플라스미드는 원핵 세포에 있는 작은 고리형 DNA 분자인데 이중 나선 구조가 원형으로 막혀 있었지. 이원형 구조의 일부분을 자른 다음에 원하는 유전자를 넣고 다시 원형으로 붙이는 거야. 플라스미드는 원래 세균의 DNA니까 복제하는 능력이 있잖아. 유전자를 재조합한 플라스미드를 대장균 속에 넣으면 마구마구 복제가 일어나겠지. 이것이 바로 재조합 DNA 기술이야. 서로 다른 생물체의 DNA 조각을 이어 붙여 복제하는 기술이지.

재조합 DNA가 처음 만들어진 것은 1973년이었어. 재조합 DNA 기술로 탄생한 잡종 DNA는 세균에 집어넣어서 동일한 복제품(클론, clone)을 수백만 개로 늘릴 수 있었지. 이러한 '유전자 클로닝'이나 '분자 클로닝'은 실험실에서 어렵지 않게 구현할 수 있었어. 생물에서 유전자를 추출하고, 시험관에서 그것을 조작하고, 유전자 잡종을 만든 다음에 살아 있는 생물 안에서 유전자 잡종을 증식하면 되는 거니까.

과학자들은 덜컥 겁이 났지. 독소나 약물 내성 유전자, 암

유전자를 대장균 속에 넣어 순식간에 복제해서 포유동물 세포에 집어넣는 날에는 어마어마한 재앙이 닥칠 테니까.

유전자 클로닝을 우려하는 목소리가 확산되자, 과학자들은 1973년 캘리포니아주 애실로마에 모여서 회의를 개최했어. 바이러스 학자, 유전학자, 생화학자, 미생물학자 등은 1차 애실로마 회의에서 「생물학 연구에서의 생물학적 위험」이라는 자료집을 내놓았지. 안정성 문제가 해결될 때까지 특정한 유전자 재조합 연구를 하지 말자고 제안한 거야.

1975년에는 2차 애실로마 회의가 열렸어. 유전자 변형 생물의 잠재적 위험을 경고하고 안전 지침을 만들었지. 이 2차 회의는 1차 회의를 넘어서 '애실로마 회의'로 과학의 역사에 기록되었어. 과학자들이 자신이 만든 기술에 경각심을 가지고 스스로 연구를 규제한 사례로 말이야. 애실로마 회의는 우생학이라는 역사적 실패를 되풀이해서는 안 된다는 자성의 목소리에서 나왔어. 대중에게 유전공학의 위험성을 알리고, 과학자들이 무엇을 연구하고 있는지 성찰하는 시간을 갖도록 했단다.

이제 인류가 연구할 대상은 인간이다

드디어 과학은 인간의 유전자와 유전 현상을 탐구하기 시작했어. 유전자는 인간의 운명을 결정하는 것처럼 보이잖아. 타고

난 신체 조건이나 질병, 기질, 성적 취향에 막대한 영향을 미치니까, 과학으로 밝혀 보고 싶었지. 2000년에 인간 유전체 계획(Human Genome Project)의 초안이 발표되었어. 1983년에 시작된 지 17년 만이었지. 미국을 중심으로 영국, 독일, 프랑스, 일본, 중국이 참여한 '인간 유전체 계획 연구단'과 크레이그 벤터 박사가 이끄는 '셀레라'(Celera Genomics)는 2001년 각각 〈네이처〉와 〈사이언스〉에 논문을 실었어. 장대한 연구 프로젝트를 마친, 위대한 과학 논문은 이렇게 시작해. 〈네이처〉 논문의 첫머리를 읽어 보자.

> 20세기가 시작된 시점에 이루어진 멘델의 유전 법칙의 재발견으로 유전 정보의 특성과 내용을 이해하려는 과학적 탐구가 촉발되었고, 그것이 지난 100년 동안 생물학의 추진력이 되어 왔다. 그 이후의 과학 발전은 크게 네 단계로 자연스럽게 나뉘며, 그에 따라서 그 한 세기도 크게 4분기로 나뉜다.
>
> 첫 단계에서는 유전의 세포학적 토대가 밝혀졌다. 바로 염색체였다. 두 번째 단계에서는 유전의 분자적 토대가 밝혀졌다. 바로 DNA 이중 나선이었다. 세 번째 단계에서는 세포가 유전자에 담긴 정보를 읽는 생물학적 메커니즘이 발견되고 클로닝과 서열 분석이라는 재조합 DNA 기술들이 발명되면서 유전학자들이 같은 일을 할 수 있게 됨으로써, 유전의 정보 토대(즉 유전 암호)가 해명되었다.

그다음 네 번째 단계가 바로 인간 유전체 계획이야. 인간을 비롯한 생물들의 유전체를 조사하는 '유전체학'의 시대가 왔어. 우리는 이 프로젝트를 통해서 처음으로 인간이 어떻게 만들어졌는지를 볼 수 있었어. 인간의 제작 설명서에는 어떤 내용이 들어 있을까? 과학자들은 인간의 유전체가 해독되면 모든 생명의 비밀이 드러날 것이라고 기대했지. 생물학자들은 인간의 유전자 수가 10만 개 정도는 될 것이라고 추측했어. 우리는 지적 생명체니까 유전체에 유전자가 많을 것이라고 예측한 거야. 그런데 인간의 유전자는 2만 1000여 개밖에 안 되었어. 이것은 옥수수보다 1만 2000개 적고, 벼나 밀보다 2만 5000개나 적은 숫자야. 인간의 유전체는 엄청나게 큰데 유전자는 그에 비해 적었지. 인간 유전체에서 유전자가 차지하는 비중이 1~1.5퍼센트였고, 유전자가 아닌 부분이 98.5퍼센트나 되었어.

인간의 유전자 수가 적다는 것은 무엇을 의미할까? 인간의 유전체가 매우 창의적이라는 뜻이야. 한정된 유전자 목록으로 거의 무한에 가까운 다양한 기능을 만드니까. 서로 이어 붙이고, 조절하고, 재편성하면서 말이지. 유전 암호는 단순했지만 유전체 암호는 복잡했어. 우리가 인간 유전체에서 읽은 것은 유전 부호 A, T, G, C의 서열뿐이었지. 문자 전부를 읽기는 했는데 무슨 뜻인지는 알 수가 없었어. 어린아이가 한글을 깨우쳤을 때 글자만 읽을 줄 알고 문맥을 모르는 것처럼 말이야.

우주에서 우리가 아는 물질은 4.9퍼센트이고, 나머지는 암흑 물질과 암흑 에너지라고 하잖아. 인간의 유전체도 그와 비슷해. 우리가 아는 DNA 암호는 1.5퍼센트이고 나머지는 암흑 물질이지. 예전에는 유전체의 암흑 물질을 '쓰레기 DNA'라고 불렀는데 섣부른 생각이었어. 유전체에 불필요한 쓰레기 정보는 없었어. 암흑 물질은 단백질을 만들지 않을 뿐이지, 유전자 발현을 조절하는 것과 같은 중요한 생물학적 기능을 하고 있었어. 인간과 생쥐의 유전자 수는 거의 같아. 유전자가 배열되는 순서도 96퍼센트나 비슷하지. 인간과 생쥐의 차이를 만들어 낸 것은 유전자의 발현 순서라고 할 수 있어. 아직 유전자가 세포 안에서 어떻게 발현되고 활용되는지는 알려지지 않았단다. 유전체의 숨은 비밀이라고 할 수 있지.

2003년에 인간 유전체 계획에 참여한 과학자들은 '인종은 없다.'라는 공식 성명을 발표했어. 지난 세기 우생학의 망령이 되살아날까 봐 유전학자들이 대처한 거야. 인간의 유전자에서 인종 유전자 같은 것은 없었어. 유전자의 작용은 우리가 상상했던 것보다 훨씬 유연하고, 복잡하게 얽혀 있었어. 유전자 발현을 조절하는 인자는 환경과 작용해서 태어난 후에도 유전체를 바꿀 수 있거든. 최근 후성유전학에서는 쌍둥이의 유전체를 분석해 상당한 차이를 확인했지. 이렇듯 우리는 인간 유전자의 기능에 대해 잘 알지 못하고, 앞으로 밝혀야 할 것들이 많아.

인간 유전체 계획 이후에 새로운 '포스트 게놈 시대'를 맞이했어. 유전자를 읽는 단계에서 쓰는 단계로 돌입한 거야. 유전체를 편집하고 바꾸는 새로운 기술이 속속 등장하고 있어. 최근에 크리스퍼(CRISPR) 유전자 가위가 생물학 혁명을 일으키고 있지. 크리스퍼는 재조합 DNA 기술의 '제한 효소'처럼 세균에서 나온 거야. 40억 년 진화의 과정에서 세균은 굉장히 정교한 면역 체계를 가지고 있었어. 자신을 침범한 바이러스의 유전자를 자르기 위해 훌륭한 유전자 가위를 가지고 있었지.

크리스퍼는 '일정한 간격을 두고 주기적으로 분포하는 짧은 회문 반복 서열'(Clustered Regularly Interspaced Short Palindromic Repeats)이라는 아주 긴 이름의 약자야. 과학자들은 세균의 DNA에서 특정 염기 서열이 간격을 두고 반복적으로 나오는 회문 구조를 찾았어. 회문이란 '소주 만 병만 주소.', 'race car'처럼 앞으로 읽으나 뒤로 읽으나 똑같은 문장 구조를 말해. 회문 서열이 우리 유전체에 상당히 많은데 이렇게 많이 나온다는 것은 중요한 기능을 한다는 거야. 제한 효소도 이러한 회문 서열이거든. 크리스퍼가 처음 발견된 것은 1987년이었어. 크리스퍼 유전자는 침입한 바이러스 유전자를 잘라서 저장해 두었다가 나중에 같은 바이러스가 다시 들어오면 조각조각 잘라서 망가뜨렸지. 20년이 지난 2007년에 세균의 면역 체계에서 크리스퍼의 기능을 알게 된 거야.

2012년 미국의 제니퍼 다우드나 박사와 스웨덴의 에마뉘엘 샤르팡티에 박사는 세균의 크리스퍼 작동 원리를 밝혔어. 크리스퍼 유전자에 자르고자 하는 염기 서열 21개를 책갈피처럼 끼워 넣어. 그다음에 세포에 넣어서 발현시키면 그 염기 서열을 알아서 잘라내는 거야. CRISPER-Cas9 유전자 가위에서 Cas9이 자르는 단백질이거든. 인식하는 염기 서열이 21개다 보니, 아무거나 자르지 않고 정확하게 찾아서 자를 수 있어. 이때 끼워 넣거나 바꿔치기하고 싶은 염기 서열 조각을 같이 넣으면 이어 붙이는 거야. 정말 "찾고 자르고 넣고 붙이는" 유전자 편집을 정확하고 빠르게 수행했어.

크리스퍼 유전자 가위는 2013년부터 실제로 응용되기 시작했어. 동물이나 식물의 수정란에 들어가서 새로운 품종을 만들어 냈지. 곰팡이 내성이 있는 바나나, 슈퍼 근육 돼지, 말라리아에 걸리지 않도록 유전자가 변형된 모기 등에 이용되었어. 이 기술이 급속하게 발전하면서 각계에서 감탄과 우려가 동시에 쏟아졌어. 심지어 크리스퍼를 인간에게 적용한 사례가 등장했으니까. 2015년과 2016년에 중국에서는 인간 배아 실험까지 시행되었어.

과학자들은 판도라의 상자가 열렸다고 해. 우리가 인간 생명을 조작하고 변형시킬 수 있는 기술을 손에 쥐었으니까. 그러나 앞에서 보았듯이, 지난 20세기 우생학의 광풍은 우리에게 역사적 교훈을 남겼어. 과학에 대한 무지와 오해, 남용이 수많은 사회적 약자들을 희생시켰지. 우리는 유전자에 관련된 과학과 기술을 더욱 신중하게 탐구하고 다뤄야 할 거야.

예를 들어 인간 게놈 프로젝트가 진행되었지만 알려진 유전자는 극히 적고, '유전자 발현'도 밝혀지지 않았어. 우리는 인간 유전자의 대부분을 여전히 알지 못하고 있어. 인간에게 나타나는 형질 하나에 여러 유전자가 복합적으로 작용하기 때문에 함부로 손대서는 안 된다는 점을 언제나 염두에 두어야 해.

또한 '우리가 유전공학의 기술로 무엇을 할 것인가? 우리는 무엇을 원하는가?'와 같은 근본적인 문제를 생각해 봐야 해. 생명 과학이 우리에게 좋은 과학 기술이 될 수도 있고, 나쁜 과학 기술이 될 수도 있으니까. 이렇게 불확실한 상황일수록 과학 기술의 방향성에 대해 숙고하고 성찰하는 것이 필요해.

VIII ～～～～ 지능

왜 인간일까?

2016년 이세돌과 알파고의 바둑 대결로 인공지능에 대한 관심이 커졌어. 많은 사람들이 이세돌의 승리를 장담했는데 결과는 알파고의 압승이었지. 구글의 인공지능인 알파고가 인간의 추리와 직관을 능가한 거야.

사람들은 빠르게 발전하는 인공지능의 능력에 놀라움을 금치 못했어. 언젠가는 인공지능이 인간의 지능을 따라잡을 것이라는 예측이 쏟아져 나왔지. 게다가 인공지능이 인간 노릇을 하겠구나, 당장에 인공지능이 우리 일자리를 빼앗으면 어떻게 하지, 우리는 무슨 일을 하고 살아야 할까, 지금 열심히 공부하는 게 다 소용 없어지는 것은 아닐까 하는 불안감과 두려움을 갖게 되었어.

인공지능이 세상을 어떻게 바꿔 놓을까? 물론 앞으로 살아

갈 세상이 어떨지 제일 궁금하겠지만 이 질문을 하기 전에 먼저 생각해야 할 것들이 있어. 인류는 왜 인공지능을 만들었을까? 인공지능이 정말 인간의 지능을 닮았을까? 과연 지능이란 무엇일까? 이렇게 더 근본적인 질문이 있기 때문이지.

우리는 오래전부터 '인간을 본뜬 기계'를 만들려고 했어. 인공지능은 인간처럼 '생각'하는 기계잖아. 지능과 생각은 인간의 뇌에서 일어나는 활동이야. 알파고가 채택한 인공 신경망 기술은 뇌를 연구해 신경 세포의 작용을 모방해서 만든 거야. 인간의 뇌를 이해하지 못했다면 알파고와 같은 인공지능도 나올 수 없었어. 그래서 '인간에 대한 이해' 없이는 최근 인공지능의 발전이 의미하는 것을 설명하기가 어려워.

20세기에 들어서 과학은 인간의 마음을 본격적으로 탐구하기 시작했어. 뇌과학과 신경과학, 인지과학, 진화심리학 분야에서 인간이 가진 고유한 본성이 무엇인지 연구하고 있어. 무엇이 인간을 '인간'으로 만드는 것일까? 동물이나 기계가 흉내 낼 수 없는 인간다움의 특별함은 진화의 과정에서 나왔지. 인간의 지능 역시 수억 년 동안 이루어진 생명체의 진화에서 비롯된 거야. 인간의 뇌를 과학적으로 이해하기 위해서는 진화의 과정을 살펴볼 필요가 있단다.

유구한 생명의 역사에 비해 인공지능의 역사는 100년이 채

되지 않았어. 우리는 인공지능을 만들면서 인간을 더 깊게 이해하게 되었지만 아직 의식이 무엇인지, 지능이 무엇인지는 정확히 몰라. 하지만 그 과정에서 인간의 감정과 기억, 자기 인식, 메타인지 등을 이해하게 되었어. 인공지능은 할 수 없고, 인간만이 할 수 있는 것을 찾게 된 거야.

앞으로 인간과 기계가 공존하는 세상은 필연적으로 올 거야. 그런데 그 세상이 유토피아일지 디스토피아일지는 아무도 몰라. 우리가 인공지능에 끌려가지 않으려면 무엇보다 인간의 가치를 확인하고, 우리 자신이 무엇을 원하는지를 성찰해야 해. 우리가 무엇을 위해 인공지능을 만드는지, 우리는 어떤 세상에서 살고 싶은지를 먼저 그려 보고 상상해야 해.

새로운 기술을 내놓는 것보다 더 중요한 것이 그 기술에 녹아 있는 철학과 인문학적 통찰일 거야. 철학과 인문학은 크고 근본적인 질문(big question)을 던지고, 큰 그림(big picture)에서 자신의 위치를 돌아보잖아. 미래의 세상이 어떤 곳인지 통찰하지 않고 어떻게 앞으로 나가갈 수 있겠어?

이 장에서는 인간의 뇌과 인공지능을 함께 살펴볼 거야. 뇌과학과 인공지능을 통해 인간이라는 존재를 이해하고, 다가올 미래의 큰 그림을 그려 보자.

1. 마음은 뇌의 활동이다

놀라운 가설

프랜시스 크릭은 1953년에 DNA 구조를 발견했어. 물리학자였던 그는 생명의 비밀을 분자의 관점에서 연구하는 분자생물학자로 변신했지. 그랬던 그가 1976년에 연구 주제를 신경생물학으로 바꿨어. 인간의 뇌를 연구하며 마음과 의식의 수수께끼를 풀고 싶었던 거야. 21세기는 뇌혁명의 시대가 올 것이라고 예감한 거지.

지난 수천 년 동안 인간의 마음은 철학의 영역이었어. 데카르트와 같은 철학자들은 몸과 마음이 분리되었다고 생각했지. 인간의 몸이 죽어도 마음은 존재할 수 있고, 영혼이 있다고 믿었어. 죽은 후에 영혼은 천국이나 극락과 같은 사후 세계에 간다고 믿었던 거야. 그런데 크릭은 인간의 마음을 과학적으로 다루고 생물학적 근거를 밝히려고 했어. 몸과 마음이 분리되지 않고 몸에서 마음이 나온다고 생각했거든. 사실 이건 당연한 이야기야.

이미 찰스 다윈은 1872년에 쓴 『인간의 유래』에서 인간의 몸만이 아니라 마음도 진화한 것이라고 말했어. 진화의 과정에서 인간의 본성이 어떻게 형성되었는지를 탐구하고, 뇌가 진화의 산물이라는 것을 분명히 밝혔지. 그런데도 대부분 사람들은 인간이 진화했다는 사실과 인간의 마음이 뇌에서 나왔다는 사실을 받아들이기를 꺼려. 1.4킬로그램의 회백색 살덩어리인 뇌에서 사랑과 용기, 고차원적인 추론, 종교, 도덕, 예술이 나왔다고 상상하기는 쉽지 않으니까.

크릭은 바로 이 문제에 도전한 거야. 그는 1994년에 『놀라운 가설』이라는 책을 썼어. 책의 부제가 '영혼에 대한 과학적 탐구'야. 이 책에서 크릭은 '영혼은 없다'고 주장해. 인간이 죽으면 생명 활동이 끝나는 것이니까, 죽음과 동시에 인간의 몸과 마음은 소멸하겠지. 신체가 없는 영혼은 있을 수가 없다는 말이야.

또한 크릭은 "당신들은 뉴런(신경세포)의 덩어리에 불과해요"라고 말해. 한 사람의 개성과 정체성을 만드는 마음이 뇌에 있는 신경 세포와 분자들의 작용이라는 거야. 뇌의 활동이 멈추는 순간 '나'라고 느꼈던 자의식이나 기억은 다 사라져. 대다수의 사람들은 이 사실을 받아들이기 힘들어서, 영혼이 있다고 믿는 거야. 영화나 드라마, 소설에서는 영혼, 유령, 귀신, 초자연적 존재가 여전히 등장하잖아. 크릭의 책이 나온 지 25년이 지났지만 아직도 '마음은 뇌의 활동'이라는 과학적 사실은 '놀라운 가설'이고 '위험한 생각'으로 여겨지고 있어.

우리는 생물학적 존재이기 때문에 우리의 마음은 호르몬이나 신경 전달 물질에 영향을 받아. 우울증 치료제를 먹으면 기분이 좋아질 수 있어. 화학 약품이 신경 세포에 전달되어서 우리의 마음을 바꾸잖아. 바로 이것이 '마음은 뇌의 활동'이라는 아주 간단한 증거지. 크릭의 말대로 우리가 생각하고 느끼는 모든 것은 뇌에서 나왔어. 자아, 의식, 기억, 야망, 사랑, 슬픔, 통찰, 지능 등등 나를 나로 만들어 주는 것은 뇌의 신경 세포에 있는 거야.

위대한 뇌과학자, 카할

뇌에서 마음과 정신, 자아를 과학적으로 증명하는 작업은 어려운 일이야. 마음이나 자아는 눈으로 볼 수 없잖아. 과학자들은 마음을 이해하기 위해 뇌에 있는 세포를 하나씩 관찰하기로 했어. 세포는 생명의 기본 단위로서 모든 동식물의 조직과 기능의 토대거든. 모든 세포는 특수한 기능을 가지고 있어. 간세포가 소화 기능을 하듯이 뇌세포도 자기 역할이 있지. 인간의 뇌는 약 1000억 개의 신경 세포로 이루어졌으니까, 과학자들은 신경 세포를 연구하며 세포적 관점에서 뇌 기능에 접근했어.

신경 세포도 세포 내부에 핵이 있고 세포막이 있지. 그런데 신경 세포의 세포막은 변형되어 신경 돌기 가지가 이리저리 뻗어 나와 있어. 과학자들은 이 가지들이 세포들 사이를 연결하고 소통하는 역할을 한다고 추론했지. 신경 세포가 출현한 시기는 지금으로부터 10억 년쯤으로 거슬러 올라가. 단세포에서 다세포 생명체로 진화한 시기였어. 다세포 생명체는 세포들이 모여서 감각, 운동, 생식 등의 역할을 나누었어. 외부로부터 자극으로 받아들이는 감각 세포가 생겨나고, 그 자극을 수행하는 운동 세포가 생겨났지. 그다음에 감각과 운동 세포들 사이를 연결하는 세포가 필요해서, 정보와 신호를 전달하는 신경 세포가 진화한 거야.

감각 세포와 운동 세포, 신경 세포가 통합되는 과정에서 척추동물이 출현했어. 척추동물의 척수에는 온몸의 세포를 연결하는 척수 신경 다발이 있잖아. 그 척수 신경이 발달해서 뇌를 만들고 중추 신경계를 형성했어.

파충류에서 포유류, 영장류로 진화하는 과정에서 뇌는 점점 커졌지. 뇌의 피질이 안에서 바깥으로 겹치고 겹쳐서 양파와 같이 형성되었어. 오스트랄로피테쿠스에서 호모 사피엔스로 진화하며 뇌의 크기가 세 배로 커졌잖아. 뇌의 신경 세포는 중요한 조직이라서 머리뼈의 보호를 받고 있어. 인간의 머리뼈라는 한정된 공간에 신경 세포가 많아지니까 쭈글쭈글 고랑이 생긴 거야.

머리뼈 속의 뇌는 외부와 차단되어 있는데 어떻게 느끼고 생각하는 것일까? 진화의 과정에서 동물은 눈, 코, 입, 귀와 같은 감각 기관을 만들어 냈어. 외부 세계와 뇌 사이를 중계하는 도구가 탄생한 거지. 예를 들어 눈은 빛을 민감하게 흡수하는 피부 조각이었어. 광수용체로 진화한 눈은 시신경을 통해 뇌로 시각 정보를 전달했지. 우리가 '본다'고 할 때, 그것은 눈으로 들어온 빛을 흡수해서 뇌의 감각 피질에 있는 신경 세포가 보는 거야. 눈이 본다고 생각하기 쉬운데 뇌가 보는 것이 맞아.

뇌는 철저히 움직임을 위한 기관이야. 식물은 움직이지 않는데 동물은 움직이잖아. 식물은 뇌가 없지만 동물은 뇌가 있어. 동물은 뇌를 통해 외부 세계의 변화를 예측하고 대응할 수 있도록 진화했어. 우렁쉥이는 유생 시기에 살기 좋은 장소를 물색하기 위해 신경계가 있지만 터를 잡고 안착한 후에는 자신의 뇌를 먹어 버려. 움직일 필요가 없으니까 뇌도 쓸모가 없어진 거지. 뇌의 기능은 감각 기관으로 들어온 정보를 기억해서 근육을 통제하는 거야. 신경 세포의 형태는 이러한 기능에 적합하게 생겼어.

신경 세포는 네 부분으로 이뤄져 있어. 가운데 세포 본체가 있고, 거기서 수상 돌기 여러 개와 축삭 돌기 하나가 뻗어 나와 있어. 축삭 돌기 끝에는 축삭 돌기 말단이 여러 개 갈라져 있지.

이러한 신경 세포의 구조는 스페인의 신경해부학자 산티아고 라몬 이 카할(1852~1934)이 발견했어. 그는 역사상 가장 위대한 뇌과학자였지. 카할이 등장하기 전에 생물학자들은 신경 세포의 모양에 당혹스러워했어. 다른 세포들은 단순한 모양인데 신경 세포는 불규칙적이고 돌기가 여러 방향으로 나와 있었거든. 그 돌기들이 신경 세포의 일부인지 아닌지도 몰랐지.

1890년대 카할은 신경 세포를 시각화하는 데 성공했어. 그는 성숙한 동물 대신에 갓 태어난 동물의 뇌를 관찰했어. 어린 뇌는 신경 세포의 개수가 적고 돌기가 짧아서, 신경 세포 하나하나를 구분할 수 있었지. 카할은 이탈리아 해부학자 카밀로 골지가 개발한 염색법을 이용해 수상 돌기와 축삭 돌기를 구별했어. 뇌 속

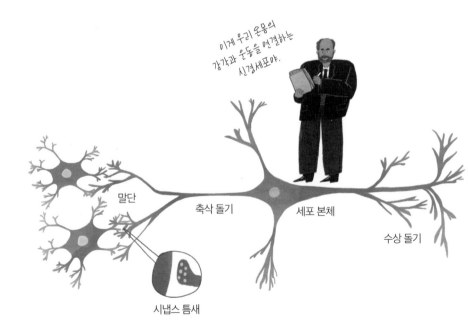

이게 우리 온몸의 감각과 운동을 연결하는 신경세포야.

말단

축삭 돌기

세포 본체

수상 돌기

시냅스 틈새

의 모든 신경 세포는 핵을 포함하는 세포 본체와 여러 개의 수상 돌기, 하나의 축삭 돌기로 이뤄졌다는 것을 밝혔어. 이러한 구조의 신경 세포에 뉴런(neuron)이란 이름을 붙인 것도 카할이었지. 직접 현미경으로 보고 그린 드로잉 자료는 거의 예술의 경지였어. 카할의 손끝이 닿으면 죽은 신경 세포가 살아 있는 듯 아름답게 묘사되었거든.

뉴런은 신호 전달 기능을 하는 뇌의 기본 단위였어. 카할은 뉴런의 해부학적 부분이 신호 전달에서 각각의 역할을 한다는 것을 통찰했지. 우선, 신호 전달 과정에서 축삭 돌기와 수상 돌기가 서로 다른 역할을 했어. 수상 돌기가 다른 신경 세포로부터 신호를 받아들이는 입력부라면, 축삭 돌기는 신호를 내보내는 출력부였지. 축삭 돌기 말단에는 다른 뉴런의 수상 돌기들과 소통하는 특별한 부위가 있었어. 그리스어로 '연결하다'는 뜻을 가진 시냅스(synapse)야. 카할은 두 뉴런 사이의 시냅스에 틈새가 있을 것이라고 추론했단다.

그런데 골지는 이러한 카할의 해석을 격렬히 반대했지. 그는 시냅스의 틈새를 인정하지 않고 신경 세포들이 연속적인 통신망을 이룬다는 '망상 이론'을 주장했어. 1906년에 골지와 카할이 공동으로 노벨 생리학상을 수상하는 자리에서도 골지는 카할의 '뉴런주의'를 공격했어. 그는 염색법의 개발로 카할의 발견을 도왔지만 생물학에 대한 깊은 통찰이 부족했던 거야.

신경 세포의 구조

신경 세포는 다른 세포와 생김새가 다르다. 감각 기관으로
전달되는 정보를 기억하고 근육을 통제하는 일에 적합하게
생겼다. 신경 세포의 구조를 발견한 이는 스페인의 신경해부학자
산티아고 라몬 이 카할이다. 19세기 말, 카할은
세포 염색 기법을 써서 현미경으로 신경 세포를 관찰하고
직접 그림을 그려 남겼다.

산티아고 라몬 이 카할

카할이 그린 신경세포(1899)

오늘날 최신 기법을 이용해 현미경으로 관찰한
인간의 신경세포(2000)

논쟁적인 상황에서도 카할은 뉴런의 구조와 기능을 체계적으로 이론화했어. 그가 발견한 시냅스는 특이하게 연결되어 있었어. 뉴런들은 아무렇게나 연결된 것이 아니었지. 각각의 뉴런은 항상 어떤 뉴런들하고만 시냅스를 형성하고 있었어. 신경 세포들이 특정 경로에 따라 신경 회로를 이루고 있었던 거야. 또한 신경 회로 속의 신호는 오직 한 방향으로만 이동하는 것처럼 보였어. 한 세포의 수상 돌기로부터 세포 본체로 이동하고, 축삭 돌기를 따라 시냅스 틈새를 건너, 다음 세포의 수상 돌기로 이동했어. 카할의 연구와 그림 자료는 세포 속의 신경 세포와 신경 회로를 초심자도 한눈에 파악할 수 있도록 해 주었단다.

그런데 시냅스 연결이 고정되었다면 역설적인 문제가 발생해. 생물의 발생 과정에서 유전자가 발현해서 뇌에서 시냅스 연결이 정해지는데 생물은 자라면서 여러 가지 경험을 하잖아. 기억을 하고 학습하는 것이 분명 신경 활동을 변화시킬 거야. 그러면 이 것을 어떻게 설명할 수 있을까? 이에 대해 카할은 '시냅스 가소성' 가설을 내놓았어. 그는 뇌의 시냅스 연결이 고정적이지 않고, 변할 수 있다고 생각한 거야. 구체적으로 시냅스 연결의 '세기'가 학습이나 경험에 의해 바뀐다고 보았어. 뇌에서 자주 사용하지 않는 부분은 시냅스 연결이 약해져서 돌기가 사라지고, 자주 쓰면 시냅스 연결이 강화되어 새로운 돌기를 성장시킬 수 있다고 말이야. 카할은 이 생각을 1894년 영국 왕립학회에서 발표했어. 그의 탁월한 통찰이 검증된 것은 75년이 지난 후였지.

신경 세포가 말하다

우리 뇌는 가로세로 15센티미터 크기의 세포 조직 덩어리야. 뇌는 어떻게 작동하길래, 기억과 감정, 생각, 추론 등의 엄청난 지적 활동을 하는 것일까? 뇌의 작동을 이해하려면 신경 세포가 하는 일을 살펴봐야 해. 신경 세포의 시냅스에는 틈새가 있는데 꼭 귀에 대고 속삭이는 입술처럼 생겼어. 입술과 귀 사이에 공간이 있잖아. 신호를 보내는 축삭 돌기의 시냅스 전 말단은 입술이고, 신호를 받는 수상 돌기의 시냅스 후 부위는 귀와 같다고 할 수 있어. 신경 세포들은 서로 말하고 들으면서 소통하고 있는 거야.

과학자들은 오래전부터 신경 세포 사이의 소통이 전기 신호로 이뤄진다는 것을 알고 있었어. 1791년에 이탈리아의 해부학자 루이지 갈바니(1737~1798)가 동물 신체의 전기 작용을 발견했지. 개구리 다리에 전기 충격을 주어서 근육이 움직이는 것을 관찰한 거야. 당시는 전기가 무엇인지도 모르는 때라서, 생물의 몸에 전기가 흐른다는 것만 감지했지. 그 후 19세기에 독일의 물리학자 헬름홀츠(1821~1894)는 엄밀한 방법으로 동물 내부의 전기 활동을 측정했어. 전자기 현상과 에너지 보존 법칙을 이해했던 때니까 전기 신호의 기능을 물리적으로 추적할 수 있었어. 그런데 생물 몸속의 전기 흐름은 구리와 같은 금속 전선에 흐르는 전기와 달랐어. 금속선에서 전기는 거의 빛의 속도로 전달되다가 거리가 멀어질수록 급격히 약해졌거든. 반면에 생물 몸속에서 전기는 훨씬 느린 속도로 움직였고, 그 속도가 줄어들지 않고 일정했어.

헬름홀츠가 발견한 전기 신호는 훗날 활동 전위로 불리게 돼. 헬름홀츠는 뇌와 척수의 신경 세포에서 근육 세포로 전기 신호가 메시지를 운반한다는 것을 알았어. 그다음엔 전기 신호의 정체가 무엇인지 궁금했지. 생물의 조직이 어떻게 전기 신호를 만들 수 있을까? 또 무엇이 전기 신호의 흐름을 운반할까? 이 문제를 해결하는 데는 오징어가 큰 기여를 했어. 오징어는 거대한 축삭 돌기를 가지고 있었거든. 굵기가 1밀리미터나 되어 맨눈으로 볼 수 있었어. 영국의 생리학자인 앨런 호지킨(1914~1987)과 앤드루 헉슬리(1917~2012)는 오징어의 축삭 돌기를 이용해서 활동 전위를 측정할 수 있었어.

축삭 돌기는 세포막에 둘러싸여 있는데 세포막 경계로 안쪽과 바깥쪽의 전압이 달랐어. 전압은 전기적 위치에너지의 차이를 만들고, 전위가 높은 곳에서 낮은 곳으로 전류가 흐르잖아. 이 전위차가 신경 세포의 전기 흐름을 만드는 활동 전위 또는 막전위였던 거야. 그러면 전위차는 어떻게 생기는 것일까? 호지킨과 헉슬리는 세포막을 관통하면서 전하를 운반하는 것이 있다고 추론했어. 바로 이온이야. 생물의 세포에는 이온이 풍부하게 있거든. 예

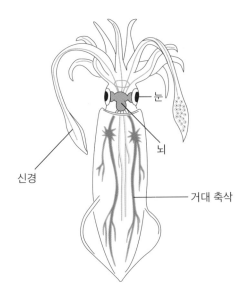

눈

뇌

신경

거대 축삭

오징어의 뉴런은 인간의 뉴런보다 훨씬 커서 전압의 변화를 실제로 확인할 수 있다.

를 들어 전자를 버린 나트륨 원자는 나트륨 이온이 되어서 전기적
으로 양전하를 띠지. 양이나 음으로 대전된 이온은 전류를 운반할
수 있고. 세포 안과 밖의 이온 농도가 다르면 세포막을 가로지를
때 '전기 화학적 기울기'가 생겨 전기적 작용을 일으키는 거야.

　　호지킨과 헉슬리는 오징어의 뉴런에서 이온의 흐름을 확인
했어. 오징어의 축삭 돌기는 가는 연필심이나 국수 가락 정도의 크
기였어, 하나의 전극을 세포막 속에 넣고 또 다른 전극을 외부에
둘 수 있었지. 세포막의 내부와 외부의 전압을 관찰했더니. 나트륨
이온들이 약 1000분의 1초 동안 세포 내부로 이동할 때, 내부 전압

이 −70밀리볼트에서 40밀리볼트로 변화했어. 꼭 세포막에 열렸다 닫히는 문이 있는 것처럼 나트륨 이온이 들어가면서 전위차(전압)를 만들었던 거야. 호지킨과 헉슬리는 세포막에 이온을 선택적으로 투과하는 '이온 구멍'이 있을 것이라고 추론했어. 오늘날 '이온 가설'이라고 불리는 연구로 이들은 1963년에 노벨 생리의학상을 받았단다.

신경 세포막은 반투과성이었던 거야. 특정 이온만 통과시키는 이온 통로가 있었지. 나트륨 이온을 위한 나트륨 통로가 있었고, 칼륨 이온을 위한 칼륨 통로가 따로 있었어. 이온이 펌프질을 하는 것처럼 세포막 사이를 들락날락하는 동안, 전기 신호가 맥동하는 거야. 활동 전위는 극히 짧은 시간에 전류가 흘렀다 끊겼다를 반복하는 진동이었단다. 디지털 회로의 0과 1의 신호와 같았지.

1955년에 전자 현미경으로 시냅스의 틈새를 관찰하고, 신경 세포가 신호를 전달하는 원리를 확인할 수 있었어. 이온과 신경 전달 물질이 시냅스의 틈새로 전기 화학적 신호를 전달한 거야. 이제 뇌는 어떻게 작동하는 것일까, 뇌가 어떻게 생각하는 걸까 하는 물음에 대한 답은 아주 간단해. 그건 신경 세포들 사이의 진동이야. 인간의 정신에 생명력이나 신비한 그 무엇이 작용하는 것이 아니었어. 뇌는 단지 이온 농도의 차이에 의해 저장된 전기 에너지를 활용할 뿐이었지. 우리 마음속에 감정, 기억, 사고, 의식, 지능 등은 모두 신경 세포의 진동으로 이뤄진 거였어.

2. 기억, 감정, 공감

기억 저장의 분자적 메커니즘

우리 신경계는 온몸에 퍼져 있잖아. 뇌과학자들은 신경계가 계층적 구조로 되어 있다고 말해. 중추 신경계는 뇌와 척수로 이루어졌고 뇌 속에는 다양한 신경 기관과 연결망이 있어. 여기서 더 미세하게 들어가면 신경 세포들과 시냅스가 나와. 뇌에는 약 1000억 개의 신경 세포가 있고, 약 1000조 개의 시냅스가 있어. 그리고 맨 마지막에 개별 분자가 있어. 마음의 과학을 이렇게 여러 수준에서 연구할 수 있단다.

DNA 구조의 발견은 신경과학자들에게도 지적 자극을 주었어. 분자 수준에서 인간의 유전자를 해독하고, 생명의 작동 방식을 이해할 수 있으니까. 특히 1960년대 모노와 자코브가 발견한 조절 유전자는 놀라웠지. 유전자에 스위치를 켜고 끄는 기능이 있어서 세포 속에서 유전자를 발현시키는 역할을 했잖아. 신경 세포도 세포니까 단백질과 유전자의 역할을 찾을 수 있을 거야. 신경과학자들은 마음, 의식, 정신의 고차원 문제를 분자 수준으로 밝힐 수 있을 거라고 생각했어.

기억은 아주 중요한 뇌의 활동이야. 내가 누구인지 의식하려면 기억할 수 있어야 해. 내가 생각하고 경험한 것들을 기억하지 못하면 내가 누구인지도 모르잖아. 아마 진화의 과정에서 지각하고 기억하는 기능이 맨 먼저 생겨났을 거야. 생물체는 지각과 기억 정보를 이용해서 생각하고 예측했을 테니까. 뇌에 기억을 저장하는 곳이 어딘가에 있을 거야. 그리고 새로운 경험을 할 때마다 기억이 다시 저장되고 기록될 거야. 신경과학자들은 기억이 저장되는 특별한 장소를 찾았어. 해마를 비롯해서 피질, 기저핵, 소뇌, 편도체와 같은 부위에 기억이 저장되어 있다는 사실을 밝혀냈지.

그러면 기억이 어떻게 저장될까? 작은 뇌에 엄청나게 많은 기억 정보가 저장되려면 특별한 형태의 방식이 있을 거야. 카할이 '시냅스의 가소성'을 주장하면서 신경 세포의 연결이 변할 수 있다고 했잖아. 1949년에 심리학자 도널드 헤브(1904~1985)는, 기억이란 신경 세포들 사이의 연결성이 증가하는 것이라는 '헤브의 법칙'을 내놓았어. 오스트리아에서 태어나 미국으로 건너온 신경

과학자, 에릭 캔델(1929~)이 이 문제에 뛰어들었어. 기억이 뇌의 신경망에 어떤 변화를 일으키는지를 실험적으로 연구한 거야. 신경 세포의 연결이 증가하는 것이라면 분명 분자 수준에서 단백질과 유전자에 변화가 나타날 테니까.

그런데 기억 저장의 분자적 메커니즘을 연구하는 것은 불가능해 보였어. 포유동물의 뇌에는 1000억 개나 되는 신경 세포가 있잖아. 그중에서 기억 저장에 관여하는 신경 세포를 어떻게 찾겠어? 캔델은 신경계가 복잡한 고등동물을 포기하고 신경계가 단순한 무척추동물로 눈을 돌렸어. 바다달팽이라고도 불리는 군소는 약 2만 개의 신경 세포가 있었거든. 그중에서 행동을 통제하는 신경 세포는 100개 남짓이었어. 캔델은 군소의 '아가미 움츠림 반사'에 주목했지. 이 반사에는 6개의 운동 신경 세포와 24개의 감각 신경 세포가 관여하고 있었어. 그러니까 30개 정도의 신경 세포만 관찰하면 되었지.

군소는 수관을 건드리면 아가미가 움츠리는 반응을 보였어. 수관은 연체동물에 있는 기관으로 물이나 먹이, 배설물이 드나드는 통로야. 몸에서 중요하고 예민한 부분이니까, 해로운 자극을 피하기 위해 방어적인 행동을 했어. 모든 군소들은 아가미 움츠림 반사에 똑같이 반응했지. 태어날 때부터 유전자에 의해 신경계에 새겨진 거야. 캔델은 군소의 동일한 신경 세포들이 작용하는 반사 회로를 관찰했어. 그러면 새로운 학습과 경험이 신경계와 세포들을 변화시키는 것은 어떻게 알 수 있을까? 캔델은 고심을 거듭하다가 실험을 하나 구상했단다.

군소는 수관을 살짝 건드리면 아가미를 조금 수축했어. 캔델은 새로운 실험에서 군소의 수관을 건드리면서 동시에 꼬리에 전기 충격을 주었어. 그랬더니 군소는 놀라서 아가미를 훨씬 더 강하게 수축했어. 그러고 나서 군소의 다음 반응을 보려고 이번에는 수관을 약하게 건드리기만 했어. 그랬는데 아가미를 강하게 수축했어. 꼬리에 전기 충격을 주지 않았는데도 전기 충격을 주었을 때처럼 강하게 수축한 거야. 군소가 꼬리의 충격을 기억하고 있는 것이 분명했지. 몇 분 지나고 나서 군소의 수관을 약하게 건드렸더니, 이번에는 아가미를 조금 수축했어. 그 몇 분 사이에 군소는 꼬리 충격을 잊어버린 거지.

군소는 꼬리의 전기 충격이 고통스러웠던 모양이야. 그 고통은 기억으로 저장되다가 곧 사라져 버렸지. 이번에 캔델은 일시적인 단기 기억이 장기 기억으로 어떻게 전환되는지를 보려고, 꼬리에 충격을 연속으로 5번을 가했어. 그랬더니 고통의 기억은 며칠 또는 몇 주 동안 지속되었어. 수관을 살짝 건드리기만 해도 아가미를 강하게 수축한 거야. 꼬리에 충격이 올 것이라고 예측하고 아가미를 크게 움츠린 거지. 이렇게 군소는 기억을 통해 학습을 했어.

그다음에 캔델은 군소의 신경 세포에 기억을 저장하는 물질을 찾기 위해 노력했단다. 아가미를 움츠리는 감각 신경 세포와

운동 신경 세포 사이의 시냅스를 조사해 보았어. 꼬리에 한번 충격을 주면 감각 신경 세포에 신경 전달 물질인 세로토닌이 분비되었지. 그 결과 감각 신경 세포 안에서 cAMP(cyclic adenosine monophosphate)라는 신호 전달 분자의 농도가 높아지는 것을 발견할 수 있었어. 놀랍게도 이 분자는 감각 신경 세포와 운동 신경 세포의 연결을 일시적으로 강화시켰어. 다시 꼬리 충격을 여러 번 주니까 이 분자의 양이 늘어나서 시냅스의 연결을 더욱 강화시키고 새로운 시냅스를 만들었어.

이렇게 기억의 정체는 여러 물질들의 변화였던 거야. 기억

통통한 과학책 2

의 흔적에는 유전 물질도 관여하고 있었어. 장기 기억이 형성되려면 유전자가 발현되어 단백질이 만들어져야 하니까. 캔델은 기억의 정보를 담고 있는 유전 물질까지 찾아냈어. CREB-1이라고 이름 붙인 분자가 감각 신경 세포의 유전자를 발현시켜서 새로운 시냅스를 만드는 기억 유전자로 밝혀졌지. 이 유전자를 군소의 감각 신경 세포에 주입했더니 장기 기억이 강화되는 것을 확인할 수 있었어. 이렇게 기억은 뇌의 신경 세포, 시냅스, 신경 전달 물질과 유전 물질에 물리 화학적 흔적을 남겼어.

결과적으로 기억과 학습은 신경계의 가소성을 입증했어. 앞으로 더 밝혀야 할 것들이 많지만, 신경 세포와 시냅스가 경험에 의해 바뀐다는 것은 분명해졌지. 시냅스의 가소성은 진화의 과정에서 뇌가 학습을 통해 상황에 따라 적절하게 반응하기 위해 나온 거야. 아마, 이 책을 읽기 전과 후에 여러분의 신경세포는 달라졌을 거야. 우리는 서로 다른 환경에서 성장하고 다른 경험을 하니까 뇌 구조가 모두 달라. 세상에 똑같은 뇌는 없어. 뇌와 시냅스의 가소성은 우리가 유일무이한 존재라는 것을 알려 주고 있단다.

감정은 가치 판단 능력이다

인간의 뇌에서 가장 늦게 진화한 부분이 이마 쪽에 있는 앞부분이야. 전전두엽 또는 이마엽이라고 하는데, 뇌 전체에서 40퍼센트를 차지하고 있어. 이러한 전전두엽의 연구는 1848년에 피니어스 게이지의 사고에서 촉발되었어. 25살이었던 게이지는 미국의 버몬트주의 철도 공사장에서 일하고 있었지. 불행하게도 화약이 폭발해 쇠막대기가 두개골을 관통하는 사고를 당했어. 쇠막대기의 길이가 1미터, 지름이 3센티미터, 무게가 6킬로그램이나 되었는데, 화약이 터지는 순간 쇠막대기가 게이지의 두개골을 뚫고 나와서 20여 미터 밖으로 날아간 거야. 현장에 있던 사람들은 모두 게이지가 죽은 줄만 알았지. 그런데 게이지는 잠깐 의식을 잃었다가 깨어났어. 2개월 동안 의사의 치료를 받고 완치 판정을 받았지.

게이지는 다시 옛 직장으로 복귀했어. 왼쪽 눈이 실명되고 정수리에 꽤 큰 상처가 났지만 일하는 데 지장은 없어 보였거든. 그런데 그는 예전의 게이지가 아니었어. 동료들은 그의 성격이 변한 것을 눈치챘어. 양심적이고 책임감 있던 사람이 사소한 일에 욕설을 퍼붓고 급한 성격으로 변한 거야. 지능과 장기 기억력은 온전해 보였는데 감정을 자제하지 못하고 계획대로 차분히 일을 수행하지 못했어. 게이지는 곧 직장에서 해고되었지. 그 후에 임시직을 떠돌다가 간질 발작으로 사망했어. 이러한 게이지의 사례는 전두엽에 손상을 입은 사람들을 연구하는 계기를 마련했지. 전두엽이 뇌에서 어떤 기능을 하길래, 한 사람의 성격과 인생을 완전히 바꾸어 놓았을까?

포르투갈 출신의 미국 신경과학자, 안토니오 다마지오

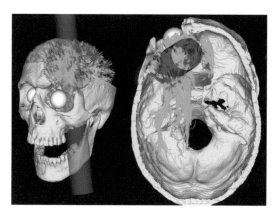

컴퓨터로 재구성한 게이지의 손상된 뇌.

(1944~)는 컴퓨터로 게이지의 두개골을 3차원으로 복원해서 전두
엽의 손상을 입증했어. 그리고 게이지와 비슷한 환자의 사례를 찾
아서 연구했지. 전두엽이 손상된 환자들은 비슷한 증상을 보였어.
다른 기능은 모두 정상인데 종합적인 판단을 못 하고 장기적인 계
획을 세우지 못하는 거야. 무엇보다 감정을 잃은 듯이 행동했어.
다마지오는 이를 '평면적 감정'이라고 불렀는데 이들은 정서적으
로 아둔하고 호기심이 없으며, 불우한 사람들에게조차 동정심을
느끼지 못했어.

　　왜 감정을 잃으면 문제가 생기는 것일까? 뇌의 진화 과정에
서 느낌과 감정은 동물이 외부 세계를 예측하기 위한 반응에서 나
왔어. 외부에서 자극이 들어오면 신경 세포에 쾌락이나 통증과 같

은 느낌이 생겨나. 도파민이나 세로토닌과 같은 신경 전달 물질이 분비되고 뇌의 보상 체계가 형성되지. 가령 초콜릿과 같은 달콤한 음식을 먹으면 뇌의 보상 체계를 자극해서 도파민이 나오고 기분이 좋아지잖아. 이러한 느낌이 뇌의 특정 부위에서 기쁨과 행복감, 만족감 등의 감정으로 통합돼. 뇌는 느낌과 감정을 통해 외부에서 들어오는 정보를 인지하고 다음에 어떻게 행동할지를 예측하고 판단하는 거야. 좋은 감정을 경험하면 다음에 또 하고 나쁜 느낌이 생기는 일은 안 하는 거지. 그런데 어떤 경험을 겪었을 때 감정이 느껴지지 않으면 올바른 판단을 내리기 어려워. 게이지의 사례를 통해 다마지오는 뇌의 기능에서 감정의 중요성을 일깨웠어.

뇌과학은 1970년대에 개발된 CT(Computer Tomography, 컴퓨터 단층 촬영)와 1980년에 나온 MRI(Magnetic Resonance Imaging, 자기 공명 영상법) 덕분에 비약적으로 발전했어. 환자의 두개골을 열어 보지 않고도 손상된 뇌 부위를 관찰할 수 있으니까. 1990년대에는 기능적 MRI와 PET(Positron Emission Tomography, 양전자 방출 단층 촬영)가 개발되었어. 이 장치들은 신경 세포가 얼마나 활동하는지를 감지하는 기구야. 우리 뇌에서 에너지가 소모될 때 산소가 포함된 피가 몰리거든. 기능적 MRI와 PET는 혈류의 변화를 통해 뇌의 어느 부위가 가장 활발하게 작동하는지를 보여 주었어.

다마지오는 이 장치들을 이용해 뇌의 기능을 관찰했단다. 정상인의 뇌가 여러 감정 상태에서 어떻게 활성화되는지를 볼 수 있었지. 그는 감정이 생성되는 곳으로 측두엽 안쪽의 변연계에 속한 편도체를 주목했어. 편도체는 시각, 촉각, 미각 등 여러 감각 기관과 연결되어 느낌과 감정을 체감하는 곳이었지. 게이지는 전두엽만 다친 것이 아니라 전두엽과 변연계 사이의 연결 부분이 손상되었어. 그래서 감정 조절을 못 하고 충동적이고 공격적인 행동을 보였던 거야.

감정이 있어야 무엇이 좋은지 나쁜지를 가치 판단할 수 있어. 그래서 감정을 가치 판단 능력이라고 해. 특히 다른 사람과 소통하는 데 감정이 중요해.

다윈은 인간이 어떻게 감정을 갖게 되었는지를 탐구하고 『인간과 동물의 감정 표현』이라는 책을 썼어. 진화의 과정에서 공동체 생활을 하던 인간은 다른 사람의 마음을 느끼고 이해할 필요가 있었어. 함께 기뻐하고 슬퍼하며, 고통을 나누고 서로 돕는 과정에서 인간의 뇌에 감정이 깃들었다는 거야. 나만 좋은 것이 아니라 너도 좋은 것을 사회적 가치로 느끼는 감정이 형성되었지. 우리가 느끼는 기쁨, 슬픔, 혐오, 분노, 행복 등의 감정에는 사회적 관계가 들어가 있어.

우리가 진정으로 무언가를 깨우친다면 감정의 변화를 동반해. 단순히 아는 것을 넘어서 마음이 움직일 때 진짜 배우는 거야. 학습이나 인간관계, 모든 면에서 감정은 중요한 역할을 해. 그런데 기계는 감정, 즉 가치 판단의 능력이 없어. 만약 기계가 감정을 갖는다면 주체적으로 의사 결정을 하겠지. 뇌과학자들은 감정을 연구하면서 인간을 인간답게 만들어 준 감정을 이해하게 되었단다.

거울 신경 세포와 공감 능력

다윈이 『종의 기원』을 발표했을 때 수많은 사람들이 분노했지. 인간이 원숭이의 자손이라고? 사람들은 인간이 특별한 줄 알았는데 영장류 중의 하나라는 사실에 화를 냈어. 그런데도 다윈은 후속작 『인간의 유래』에서 중요한 질문을 던져. 왜 인간인가? 무엇이 인간과 동물의 차이를 만들었을까? 인간이 가장 인간일 수 있는 본성은 무엇인가? 사람들이 분노했던 것처럼 다윈은 인간의 지위를 동물로 격하시키려고 안간힘을 쓴 게 아니었어. 과학적으로 인간이란 존재를 있는 그대로 보려고 한 거야. 인간은 신이 창조해서 특별한 것이 아니잖아. 다윈은 인간이 동물에서 유래했지만 동물과는 분명히 다른 특별함이 있다는 것을 밝히려고 한 거야.

『인간의 유래』에서 인간의 특별함으로 다윈이 제시한 것은 두 가지였어. 바로 사회적 본능과 도덕이었지. 무리 지어 생활하는 것은 인간의 생존에 절대적으로 중요했거든. 여럿이 모여 살면서 사회성을 획득한 것이 인간의 진화에 큰 영향을 미쳤어. 다른 사람의 마음을 읽고 감정을 느끼는 인간이 살아남아 더 많은 후손을 남겼어. 그 과정에서 기쁨, 슬픔, 즐거움, 괴로움과 같은 감정이 나왔고, 우리 모두에게 무엇이 좋고 나쁜지를 느낄 수 있게 되었어. 다른 사람들과 어울려 살면서 무엇이 옳고 그른지를 판단하는 도덕성이 생겨난 거야. 나뿐만 아니라 타인의 감정과 마음을 배려하는 태도가 옳고 그름의 척도, 즉 도덕이 되었어. 다윈은 이러한 사회적 본능과 도덕이 인간의 진화 과정에서 출현했다고 주장했단다.

그렇다면 우리는 어떻게 서로의 마음을 이해할 수 있을까? 어떻게 다른 사람의 고통을 느낄 수 있을까? 사실 다른 사람을 이해하고 공감하는 것은 생물학적으로 기적과 같은 일이야. 텔레파시가 오고 가는 것도 아니고, 어떤 접촉도 하지 않았는데 느낄 수 있으니까. 가위바위보와 같은 게임을 할 때를 상상해 봐. 우리는 다른 사람의 마음을 예측하고 어떤 행동을 할지 추론하잖아. 이러한 마음 읽기 능력을 '마음 이론'(theory of mind, ToM)이라고 해. 타인의 마음에 대한 믿음 또는 이론을 가지고 있다는 뜻에서 마음 이론이라고 한 거야. 이런 특별한 능력이 어떻게 가능한지는 최근에 들어서 과학적으로 밝혀졌어.

1990년에 이탈리아 파르마 대학의 신경생리학자 자코모 리촐라티와 그의 동료들은 원숭이의 뇌를 연구했어. 그들은 신경 세포의 활동을 측정하기 위해 원숭이의 뇌에 머리카락 한 올만큼 가느다란 전극을 심었지. 시냅스에서 활동 전위가 발생하면 약한 전류가 흐를 테니까, 이것을 스피커에 연결해서 소리가 나도록 변환시킨 거야. 신경 세포가 활성화되는 즉시, 스피커에서 '팡' 소리가 나고, 오실로스코프에 연결해서 화면에 녹색선이 나타나도록 장치했어.

어느 날 연구원 하나가 원숭이 앞에 놓인 쟁반에서 건포도를 집어 들었는데 스피커에서 소리가 울리는 거야. 원숭이는 아무것도 하지 않고 연구원의 행동을 보고만 있었거든. 연구원들은 놀라서, 처음엔 잡음이 들린 게 아닌지 의심했어. 그런데 오실로스코프를 확인했더니 녹색선이 빛나고 있는 거야. 신경 세포가 발화한 것이 분명했어. 이번에는 원숭이에게 건포도 쟁반을 건네주었지. 원숭이가 쟁반에서 건포도를 집어 들자, 연구원이 건포도를 집어 들었을 때와 똑같은 소리가 스피커에서 울렸어. 오실로스코프의 화면에도 녹색선이 나타났어. 뇌 앞쪽에 있는 신경 세포가 똑같이 활성화되었던 거야.

파나마 대학의 연구진은 이 신경 세포를 '거울 신경 세포'라고 불렀어. 뇌의 기능은 외부로부터 감각 정보를 받아들여서 근육을 움직이게 하는 거잖아. 뇌의 영역도 크게 두 부분으로 나눠져. 세상을 지각하는 것은 뇌의 뒷부분에서 하고, 행동하는 것은 뇌의 앞부분에서 해. 전운동 피질은 뇌의 앞쪽에서 우리가 몸을 움직일 때 활성화되는 곳이야. 연구진이 발견한 거울 신경 세포는 바로 전운동 피질에 있었어. 다른 누군가의 행동을 볼 때는 뇌의 뒷부분에 있는 시각 피질이 활성화되어야 하는데 자신이 그 행동을 하는 것처럼 전운동 피질이 활성화되었던 거야.

우리 뇌에도 전운동 피질에 거울 신경 세포가 있어. 우리는 남이 하는 것을 보기만 해도, 그 행동을 하는 것과 같은 효과를 느낄 수 있어. 거울 신경 세포는 다른 사람의 행동과 감정을 그대로 비추는 거울과 같아. 그래서 다른 사람의 마음을 이해하고 공감할 수 있었던 거야. 거울 신경 세포를 '공감 뉴런'이라고도 부르지. 우리 뇌에는 원숭이의 것보다 더 정교한 거울 신경계가 있어. 거울 신경 세포들이 서로 연결된 공감 회로가 있어서 태어날 때부터 저절로 작동하는 거야.

우리는 친구가 초콜릿 먹는 것을 보면 초콜릿이 먹고 싶어지고, 친구가 만족스러워 활짝 웃으면 자신도 모르게 따라 웃지. 우리 뇌에 있는 거울 신경 세포가 활성화되어서 초콜릿의 맛이 느껴지고, 그 만족감까지 공감하는 거야. 친구가 자전거를 타다가 다쳤다는 이야기를 들으면 마음이 아프잖아. 사실 사고 현장을 보지 못하고 이야기만 들어도 친구의 고통을 떠올릴 수 있어. "나는 너의 고통을 느낄 수 있어."라는 말은 거짓말이 아니야. 나의 뇌는 친구의 고통을 생생히 상상할 수 있어. 이렇게 우리는 다른 사람들의 생각과 감정을 추론하고 공감할 수 있단다.

공감이란 내 경험을 통해서 다른 사람을 이해하는 거야. 내가 초콜릿을 먹어 본 적이 없으면 초콜릿 맛이 뭔지 몰라서 상상할 수 없어. 마찬가지로 피아노를 칠 수 있는 사람이 피아노곡에 더 공감할 수 있는 거야. 이렇게 경험이 많을수록 그 상황을 더 잘 이

해할 수 있어. 우리가 고통과 시련을 통해 성장한다고 하잖아. 이
것은 거울 신경 세포가 있어서 가능한 거야. 자신이 겪은 고통이
다른 사람의 아픔과 상처를 이해하는 능력을 키워 주거든.

하물며 우리는 전혀 모르는 사람이 곤경에 빠졌다는 소식
을 들어도 마음이 편치 않아. 지구 온난화로 인해 생태계가 파괴되
고 사람들이 고통받는 것이 나의 일처럼 다가오지. 이것은 우리가
모두 신경으로 연결되어 있다는 증거야. 직접 보지 않고 듣지 않아
도 우리의 신경 세포는 다른 사람들을 신경 쓰고 있어. 인간을 사
회적 동물이라고 하는데 바로 뇌가 그렇게 생겨 먹었기 때문이야.
뇌과학자들은 인간의 뇌를 '사회적 뇌'라고 말해. 혼자서는 살 수
없으니까. 진화의 과정에서 공감 능력이 높아진 거야. 기억과 감정,
공감은 인간의 뇌에 인간다움의 특별함을 심어 놓았어.

3. 인공지능의 역사

튜링 기계의 탄생

1956년에 '인공지능'이라는 용어가 처음 사용되었어. 당시에도 인공지능의 정체가 무엇인지는 잘 몰랐지. 그저 인간이 하는 일을 기계가 할 수 있게 만드는 것으로 생각했어. 인공지능의 기원은 고대 그리스의 아리스토텔레스까지 거슬러 올라가. 아리스토텔레스가 삼단 논법이라는 사고의 논리적 형식을 제안했거든. 결국 인공지능은 생각하는 법과 기계의 융합이야. 이것을 구현할 수 있을 정도로 기계가 정교해진 것은 20세기 중반 이후였어. 전기로 작동하는 컴퓨터나 로봇이 만들어졌으니까.

현대적 의미에서 '생각하는 기계'의 이론적 토대는 영국의 과학자 앨런 튜링(1912~1954)에 의해 나왔어. 튜링이 처음부터 우리가 쓰고 있는 컴퓨터를 발명하려고 했던 것은 아니었지. 그는 수학자, 수리논리학자였거든. 당대에 수학의 난제를 푸는 과정에서 컴퓨터의 핵심 원리를 고안하게 된 거야. 지금부터 하는 수학 이야기는 좀 어려워. 하지만 앞으로 인공지능을 이해하는 데 도움을 줄 거야.

힐베르트(1862~1943)와 괴델(1906~1978)이라는 두 수학자가 있었어. 힐베르트는 '수학에는 알 수 없는 것이 없다.'고 생각했어. 수학은 완전한 진리 체계이기 때문에 아직 증명되지 않은 것이 있더라도 언젠가 증명될 것이라고 믿은 거야. 예를 들어 2+3=5이라는 명제가 참이라는 것을 알고 있어. 산수에서 모든 명제를 참인지, 거짓인지 증명할 수 있어. 이렇게 사칙 연산이라는 규칙이 주어진 산수 체계에서 모든 명제가 증명 가능하면 그 체계는 완전하고 무모순적이라고 했어.

수학에는 산수와 기하학, 미적분학, 해석학, 대수학 등이 있어. 과목마다 기호와 규칙이 다르고 문제를 푸는 방식이 달라. 가령 유클리드 기하학은 다섯 개의 공리를 먼저 전제하고, 그 공리만을 가지고 증명하잖아. 이것을 공리 체계, 형식논리학 체계라고 해. 힐베르트는 수학의 세부적인 내용을 없애고 규칙을 정해 놓은 형식 체계에 주목했어. 그리고 이것을 메타적 관점에서 바라보았어. 메타(meta)는 그리스어에서 유래한 것으로 무엇무엇의 '뒤에'라는 뜻이거든. 수학의 형식 체계를 하나의 대상으로 외부에서 멀리서 보는 거야. 힐베르트는 수학의 형식 체계가 완전하고 모순이 없다는 것을 스스로 증명할 수 있다고 생각했어. 수학은 완전한가? 수학은 모순이 없는가? 수학은 결정 가능한가? 이 질문들이 힐베르트의 문제였지.

그런데 수학이 완전한 진리 체계라는 힐베르트의 믿음은 깨어지고 말았어. 1931년에 스물다섯 살의 괴델이 수학의 불완전성을 논리적으로 증명했거든. '불완전성 정리'는 수학의 형식 체계가 완전성이나 무모순성을 스스로 증명할 수 없다는 거야. 수학 체계에서는 참이지만 증명 불가능한 명제가 존재한다는 거지. 자기가 완전하고 모순이 없다는 것을 자기가 증명할 수 없다는 말인데 어찌보면 당연한 사실이야. 괴델은 힐베르트의 첫 번째, 두 번째 문제를 해결했어. 그런데 세 번째 '수학은 결정 가능한가?'라는 결정 문제에 대해서는 답을 내놓지 못했어.

결정 문제란 어떤 수학적 명제가 주어져도 참인지 거짓인지를 결정할 수 있는 단계적 절차가 존재하는지를 묻는 거야. 모든 수학적 명제의 타당성을 결정하는 만능 절차가 있냐는 거지. 만약 힐베르트가 제안한 만능 절차가 있다면 수학에서 풀리지 않는 난제들을 다 해결할 수 있을 거야. 그런데 수학에서 중요한 난제들은 대다수가 '결정 불가능'해. 이 문제를 해결한 사람이 바로 앨런 튜링이었어.

케임브리지 대학교의 킹스 칼리지에서 스물네 살의 튜링은 힐베르트의 결정 문제가 해결 불가능하다는 논문을 발표했는데 아주 독창적인 방식으로 접근했어. 먼저 힐베트르가 요구하는 '단계적 절차'가 무엇인지 정의하려고 했어. 튜링은 단계적으로 문제를 풀어 가는 방식을 극단적으로 단순한 기계적 행위로 치환한 거야. 누구나 이해할 수 있는 동작의 결합으로 수학 명제의 참, 거짓을 결정할 수 있는지를 보여 주려고 했어. 그 과정에서 '튜링 기계'를 제안했어. 수학에서 계산할 때 하는 것처럼 숫자를 쓰고, 지우고, 한 자리 옆으로 옮기고 하는 행위를 하나씩 수행하는 기계가 있다고 가정한 거야.

이러한 튜링 기계는 물리적 기계가 아니라 수학적 개념이었어. 힐베르트의 결정 문제를 해결하다가 나온 착상이었는데, 현대 컴퓨터의 이론적 기초를 제공했지. 힐베르트의 문제 해결보다 더 중요한 일을 해낸 거야. 튜링 기계는 인간이 계산하는 과정을 본떠서 만들어졌어. 당시에 계산을 하는 직업의 여성을 계산원이라는 뜻에서 '컴퓨터'라고 불렀잖아. 튜링은 인간 컴퓨터의 모습을 유심히 관찰했어. 그녀는 종이나 칠판에 숫자나 기호를 적고 읽을 거야. 그 사이에 눈을 깜박이기도 하고, 두 개의 숫자에 주시하면서 덧셈이나 곱셈을 실행하겠지. 두 수를 곱해서 선 밑에 적기도 하고, 자릿수를 옮겨 가면서 계산한 결과를 종이에 적을 거야.

튜링은 이러한 인간 컴퓨터가 하는 일을 기계 컴퓨터로 바

꾸는 상상을 했어. 종이 대신에 네모 칸으로 이뤄진 긴 테이프로 바꾸고, 각각의 네모 칸 안에 한 개의 기호와 숫자를 쓰는 방법을 생각해 냈지. 계산하면서 종이에 적고 읽고 자리를 옮겨 쓰는 것을 테이프에서 오른쪽과 왼쪽으로 움직이면서 읽고 쓰는 것으로 대체한 거야. 테이프는 무한정으로 길고, 얼마든지 큰 숫자나 복잡한 계산을 잘게 나눠서 할 수 있도록 한 거지. 그 과정을 기계에서 구현하면 몇 가지 작동으로 단순화할 수 있었어. 1) 상태. 2) 기호 읽기. 3) 새로운 기호 인쇄하기, 지우기, 읽은 기호 그대로 두기. 4) 왼쪽으로 한 칸 가기, 오른쪽으로 한 칸 가기, 동일한 위치에 그대로 있기. 5) 상태 이전의 상태 또는 새로운 상태. 이렇게 다섯 단계로 말이야.

튜링 기계에 종이 테이프를 집어넣으면 시작 상태에 놓이게 돼. 기계는 기호를 읽고 검사하겠지. 그다음에 내부 규칙에 따라 무엇을 할지를 결정해. 예를 들어 테이프에 찍힌 두 개의 숫자를 더해서 그 결과를 다음 테이프에 찍는 거야. 그러고는 멈춤 상태에 놓이게 돼. 이것이 바로 오늘날 우리가 컴퓨터의 알고리즘, 프로그램, 소프트웨어라고 부르는 거야. 힐베르트는 모든 수학적 명제의 타당성을 결정하는 '단계적 절차'가 있는지를 질문했잖아. 튜링은 그 단계적 절차를 문제 풀이의 순서도, 즉 알고리즘으로 구현한 거야. 그러고 나서 힐베르트가 생각하는 만능 절차인 알고리즘이 존재하지 않는다는 것을 증명했단다.

기계는 생각할 수 있을까?

튜링은 현대 컴퓨터의 가장 핵심적인 부분을 생각해 냈어. 컴퓨터가 하드웨어, 소프트웨어, 데이터로 이뤄진다는 거지. 이것을 고안한 튜링의 위대한 아이디어는 두 가지라고 할 수 있어. 첫째는 아무리 복잡한 일도 잘게 나누다 보면 간단한 일의 반복으로 만들 수 있다는 거야. 단순한 계산을 조합해서 얼마든지 복잡한 일을 완수할 수 있거든. 그러기 위해서는 어떻게 순차적으로 실행할 것인지를 지시하는 것이 중요해. 바로 이것이 작업 흐름의 순서도를 짜는 알고리즘이야. 그다음에 알고리즘을 기계에 알려줘야 하는데 기계는 인간의 언어를 모르잖아. 튜링은 알고리즘을 기계 언어로 바꾸는 방법을 찾아야 했어.

수학에 '괴델 수 대응'이라는 법칙이 있었어. 어떤 문자와 기호는 일대일 대응 방식으로 하나의 자연수로 나타낼 수 있다는 거야. 튜링은 여기에서 착안해서 모든 정보들을 하나의 자연수에 대응시키고, 자연수들을 0과 1의 조합으로 바꾸었어. 정보나 데이터, 프로그램들조차 0과 1로 조합된 하나의 수치로 만들어서 기계에 입력시킨 거야. 이렇게 기계가 알아들을 수 있는 방식인 프로그램을 만들었는데 이것이 두 번째 아이디어였어. 튜링은 복잡한 일을 단순한 사칙 연산으로 나눌 수 있고, 이 과정을 프로그램이라는 형식으로 구현할 수 있음을 수학적으로 증명했어. 알고리즘은 문제를 단계적으로 처리하는 순서도이고, 프로그램은 알고리즘을 컴퓨터가 이해하는 언어로 나타낸 거잖아. 튜링 기계는 이 둘을 합쳐 놓은 개념으로 고안된 거야.

1938년 여름, 튜링은 독일 군대의 암호 해독을 위한 프로젝트에 발탁되었어. 독일 사령부는 통신 수단으로 애니그마라는 암호 기계를 사용하고 있었지. 영국 정부는 런던 북부의 블레츨리 파크에서 비밀리에 에니그마의 해독 팀을 구성했어. 이 프로젝트에 참여한 사람들은 전쟁이 끝날 쯤에 거의 1만 2000명에 이르렀다고 해. 튜링은 봄베라는 기계를 만들어서 애니그마를 해독하는 데 성공해. 그는 이 작업을 설계하고 감독하면서 많은 것을 배웠어. 당시에 여자 계산원인 '컴퓨터'들은 전체 중 작은 부분을 담당하고 있었거든. 이들은 전체 구도를 전혀 몰랐지만 이들의 작업이 결합되어 엄청난 암호 체계를 풀어냈지.

튜링은 이곳에서 보편 튜링 기계를 구상했어. 모든 종류의 튜링 기계를 수행할 수 있는 '만능', '범용', '보편' 튜링 기계를 상상한 거야. 보편 튜링 기계의 프로그램 하나만 있으면 다른 프로그램을 다 처리할 수 있어. 보편 튜링 기계는 요즘 우리가 쓰고 있는 컴퓨터와 거의 같다고 할 수 있어. 컴퓨터에 내장된 프로그램이 다른 프로그램을 처리하는 운영 체계를 갖추고 있으니까. 튜링이 꿈꾸었던 보편 튜링 기계는 인간처럼 생각하는 기계였어. 고도의 지능을 가지고 건물을 설계하고 시를 쓰는, 그런 기계였지. 하지만 튜링 기계는 단순히 계산하는 기계였거든. 0과 1의 이진법의 사칙연산으로 어떻게 인간의 사고와 지능을 만들 수 있을까? 튜링은 죽을 때까지 이 문제를 해결하려고 노력했어.

제2차 세계대전이 끝난 후, 튜링은 맨체스터 대학 연구소에서 에이스(ACE, Automatic Computing Engine) 프로젝트를 맡아 정부에 보고서를 제출했단다. 하지만 그의 보고서는 채택되지 않았고 컴퓨터 개발에 참여하지 못했어. 튜링은 깊은 좌절감에 빠졌지. 1950년 「계산 기계와 지능」 논문을 발표하고 BBC 방송 강연에도 나갔지만 그의 능력을 알아주는 사람은 거의 없었어. 전쟁 중에 블레츨리 파크에서 한 암호 해독 작업은 30년 동안 비밀에 부쳐야 했거든. 전쟁이 끝난 후 세계는 미국과 소련이 대립하는 냉전 시대로 돌아갔지. 영국 정부는 적국인 소련에 암호 해독 기술이 넘어갈까 봐 튜링을 감시하고 있었어.

엎친 데 덮친 격으로 1951년 튜링은 동성애라는 범죄 혐의를 받고 기소되었어. 당시 동성애는 징역 2년의 처벌을 받는 범죄였지. 그는 연구를 계속하기 위해, 감옥에 가는 대신 1년간 호르몬 주사 치료를 선택했어. 성욕을 억제한다고 여성 호르몬인 에스트로겐을 투여받은 거야. 성욕 억제에 어떤 효과가 있는지 모르겠으나 그것은 튜링의 몸을 변화시켰어. 가슴이 커지고 목소리가 변해버린 거야. 주변의 시선을 의식하지 않을 수 없었던 튜링은 죽음을 선택했어. 1954년 6월 7일, 청산가리 용액에 담가 놓았던 사과 반쪽을 베어 문 채 숨을 거두었지. 평소 좋아했던 백설공주 이야기에 나오는 독사과를 먹은 거야. 그는 자살하기 직전에 친구에게 이런 편지를 보냈어.

나는 앞으로 누군가 다음의 삼단 논법을 사용하지 않을까 염려되네.
튜링은 기계가 생각한다고 믿는다.
튜링은 남자와 동침한다.
그러므로 기계는 생각하지 못한다.
— 비참한 앨런 씀.

이 편지를 통해 튜링이 죽어 가면서 무엇을 두려워했는지 알 수 있어. '생각하는 기계'에 대한 믿음이 훼손되는 거였지. 튜링은 마흔한 살에 죽기에는 너무나 아까운 천재였어. 1967년 영국에서 동성애가 범죄 행위에서 제외되고, 블레츨리 파크의 기밀 봉인이 풀리면서 튜링의 업적이 알려지기 시작했어. 1968년에 그의 논문들이 사망한 지 14년 만에 공개되었지. 이 논문에서 튜링은 언젠가 컴퓨터가 인간처럼 생각할 수 있을 것이라고 주장해. 그는 이에 대해 세 가지 철학적 질문을 던졌어.

(1) 기계는 생각할 수 있을까?
(2) 인간은 생각할 수 있는 기계를 만들 수 있을까?
(3) 만일 기계가 생각을 할 수 있다면, 기계가 생각할 수 있다는 것을 어떻게 알 수 있을까?

튜링은 생각하는 기계가 현실적으로 가능하다고 믿었어. 기계가 '생각한다'는 것을 어떻게 알 수 있을까? 튜링은 이를 위해 '모방 게임', '흉내 게임'을 제안했어. 기계가 인간의 생각을 얼마나 잘 흉내 내는지를 측정하는 게임이야. 이것은 나중에 '튜링 테스트'로 불렸지. "기계가 생각할 수 있을까?"라는 질문을 "기계가 모방 게임에서 이길 수 있을까?"로 바꾼 거야. 사람과 기계가 함께 컴퓨터 스크린으로 대화하는 '모방 게임'에서 판단자가 기계와 인간을 구별할 수 없으면 기계가 이겼다고 했어. 기계가 사람과 대화를 나눌 수 있다면 그 기계가 지능을 가졌다고 생각한 거야.

우리는 요즘 스마트폰으로 디지털 개인 비서인 '시리'나 '빅스비'와 대화하잖아. 튜링 테스트의 개념이 그것과 같아. 스마트폰과 이야기하면 금방 어색하다는 것이 느껴져. 지금껏 출시된 인공지능 비서는 튜링 테스트를 통과하지 못했거든. 하지만 튜링은 언젠가 인공지능과 인간을 구별할 수 없는 때가 올 것이라고 예측했지. 튜링의 통찰은 60여 년을 앞서가고 있었어. 그는 뇌의 신경 세포를 모방한 컴퓨터까지 구상했어. 시냅스에서 전달하는 신호는 0이나 1이니까 디지털 신호로 바꿀 수 있지. 신경 세포는 전기 화학적 신호를 주고받으면서 학습하잖아. 튜링은 이러한 신경 세포의 연결망을 컴퓨터에 적용할 수 있다는 이론을 세웠어. 오늘날 인공 신경망과 거의 같은 생각을 한 거야.

튜링은 너무 많이 알았던 사람이고, 시대를 앞서간 비운의 천재였어. 기계는 처음 탄생할 때부터 인간을 모방한 거잖아. 튜링에게 컴퓨터는 단순한 기계가 아니었어. 인간의 생각과 감정, 마음을 가진 존재가 될 가능성을 열어 두었지. 나아가 튜링은 기계를 통해 인간의 본질을 탐구하려고 했어. 생각하는 기계를 만들려는 시도가 인간이 어떻게 생각하는지를 알아내는 데 큰 도움을 줄 것이라고 말했지. 인간의 지능을 알아야 인공지능도 만들 수 있으니까. 오늘날 튜링의 꿈은 우리 눈앞에서 실현되고 있어. 2009년에 영국 정부는 동성애 판결에 대해 공식적으로 사과했단다. 2013년에는 동성애로 기소된 사람들을 사면하는 '튜링법'이 제정되었고, 튜링은 영국 왕실로부터 사후 사면을 받았어.

기계가 자율 학습을 한다고?

1956년 인공지능이란 용어가 나온 이후에 과학자들은 수십 년 안에 인간 수준의 인공지능이 개발될 것이라고 기대했지. 1965년, 노벨 경제학상을 수상하고 인공지능의 선구자가 된, 카네기 멜론 대학교의 하버트 사이먼은 "1985년까지 기계는 인간이 할수 있는 모든 일을 할수 있게 될 것이다."라고 예언했어. 실제로 튜링이 고안한 컴퓨터의 성능은 날로 향상되었지만 인공지능을 만드는 것은 예상보다 훨씬 어려웠어. 그동안 낙관적 여론과 투자 심리가 얼어붙어서 몇 차례 '인공지능의 겨울'을 맞이하기도 했으니까.

초기에 엔지니어들은 튜링이 제시한 방식으로 인공지능을 만들었어. 인간이 어떻게 말을 하고, 글을 읽고, 시각적 이미지를 처리하는지를 수학적 모델의 알고리즘으로 짰어. 그다음에 이것을 논리적으로 추론하는 컴퓨터 프로그램으로 구현했지. 이렇게 사람이 하나하나 지시하는 프로그램을 실행하는 것을 톱다운(top-down) 방식이라고 해. 컴퓨터는 톱다운 방식의 추론 기계야. 그런데 1990년대까지 이 방식에 더 이상 진전이 없었어. 과학자와 엔지니어들은 새로운 돌파구를 찾다가 인공지능에 보텀업(bottom-up) 방식을 채택했어. 인공지능의 목표는 그대로 두고 인공지능을 만드는 방법을 바꾼 거야.

보텀업 방식은 많은 데이터를 가지고 의미 있는 답을 찾아내는 소프트웨어 기술이야. 인공지능이 고양이를 알아보게 하려면 톱다운 방식은 고양이의 이론적 모델을 만들어서 프로그래밍하고, 보텀업 방식은 엄청나게 많은 고양이의 사진 데이터를 읽게 해서 찾는 거야. 2000년대 중반에 연구자들은 이론적 모델보다 데이터가 더 강력할 수 있다는 사실을 깨달았어. 톱다운 방식보다 보텀업 방식의 인공지능이 좋은 결과를 보여 줬거든. 때마침 '기계 학습'이라는 머신 러닝(machine learning) 기술이 개발되었지. 기계가 학습한다는데 어떻게 하는 것일까?

예를 들어 스팸 메일을 걸러 내는 방식을 생각해 보자. 우리가 메일함에서 스팸 메일을 버리면 컴퓨터 프로그램은 특정 수신자와 특정 단어를 확률적으로 계산해 두는 거야. 이 정보를 결합해 놓았다가 새 메일에서 스팸 처리 대상을 골라내는 거지. 이렇듯 기계 학습은 단어들의 출현 빈도를 세는 통계적 방식으로 일을 처리해. 그래서 머신 러닝을 논리적 추론이 아니라 빅 데이터의 통계적 응용이라고 하는 거야.

이세돌과 바둑 대결을 벌인 알파고는 머신 러닝 중 딥 러닝(deep learning)이라는 소프트웨어였어. 구글의 딥마인드라는 회사

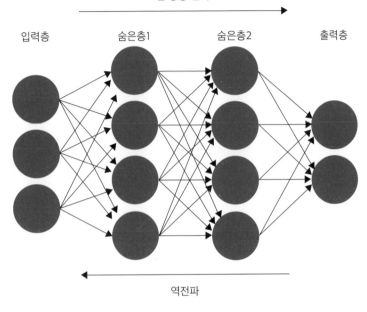

인공 신경망

가 만든 딥 러닝은 인간의 뇌를 모방한 인공신경망 기술을 채택한
거야. 기계의 학습과정을 더욱 정교하게 실행시켰어. 뇌 속 신경망
은 수많은 신경 세포들의 시냅스로 연결되어 있잖아. 그림과 같이
인공 신경망은 뇌의 신경망처럼 개발 단위의 여러 층으로 이뤄졌
어. 가령 1층, 2층, 3층이 있고 층마다 10개의 방이 있다면 그 방마
다 수많은 전선이 나와서 연결되어 있는 거야.

    기존의 컴퓨터는 입력과 출력의 방향과 세기가 일정해. 시작에서 끝까지 한 방향으로 진행되는데 뇌의 신경망은 그렇지 않잖아. 인공 신경망은 시냅스처럼 연결 세기를 조절할 수 있고, 양방향으로 신호를 보낼 수 있도록 만들어졌어. 연결의 세기를 변화시킨 것이 바로 인공 신경망에서 일어나는 학습의 핵심이야. 인공 신경망은 여러 층의 연결 세기를 조절해서 오차와 정답 사이를 수정해 가면서 학습하거든. 컴퓨터가 알고리즘의 지시대로 작동했다면 인공 신경망은 다양한 데이터를 가지고 스스로 답을 찾는 것과 같지. 알파고가 여러 대국의 정보를 입력해서 시뮬레이션하는 과정이 꼭 기계가 자율 학습하는 것처럼 보였던 거야.

　　2015년 마이크로소프트사는 사진 속 물체를 인식하는 인공지능을 만드는 데 152층이나 되는 신경망을 사용했어. 인간의 뇌에서 기억 정보는 신경 세포들을 연결하는 시냅스에 저장이 되는데 컴퓨터는 정보를 저장하는 공간이 따로 필요해. 딥 러닝은 크고 복잡한 신경망에 수백만 개의 데이터를 반복적으로 입력해서 결과를 얻는 거야. 머신 러닝과 빅 데이터 덕분에 인공지능은 영상과 음성을 처리하고 번역하고 대화하는 수준에 이르렀어. 빠른 연산 능력과 큰 저장 용량을 가진 컴퓨터 성능이 인공 신경망 기술을 가능하게 해 주었거든.

　　하지만 이 새로운 기계의 지능은 인간의 사고방식을 닮은 인공지능이 아니야. 인공지능, 머신 러닝, 신경망과 같은 용어는 '생각하는 능력'을 뜻하지만 우리가 생각하는 방식과는 달라.

기계는 단순 연산을 매우 많이 반복할 뿐, '생각'하는 것은 아니지. 현재 인공지능은 '진짜' 지능이 될 만한 '자기 인식'의 과정이 없어. 고양이가 어떤 존재인지 이해하지 못하면서 고양이를 알아보고 구별하는 것과 같아. 구글 브레인은 엄청나게 많은 고양이 사진을 보고 나서야 고양이를 알아볼 수 있어. 하지만 어린아이는 개와 고양이 몇 마리만 보면 그 둘을 구별할 수 있지.

　　과학자들은 알파고가 꼼수에 가깝다고 말해. 빅 데이터와 통계에 의존하는 인공지능은 왜 지능을 가지게 되었는지 설명할 수 없거든. 어떻게 하다 보니까 지능을 가진 상태가 되었다는 거야. 개발자조차 알파고가 왜 그 수를 두었는지 알 수가 없어. 인공 신경망이 복잡하게 얽혀 있는데 연결 세기가 다른 신경망을 하나하나 역추적할 수가 없어. 빅 데이터로 취향에 맞는 영화나 옷을 골라 주는 것도 마찬가지야. 왜 그런 결정을 했는지를 알 수가 없지. 인간처럼 논리적 추론 과정을 거쳐서 결정을 내린 것이 아니기 때문이야. 과학자들은 인공지능에 거품이 많다고 지적하고 있어. 인공 신경망이 신경 세포가 아니듯 머신 러닝은 러닝(학습)하는 것이 아니니까. 현재 인간과 같은 인공지능의 개발은 아직 멀었다고 말하는 공학자들도 많이 있단다.

4. 인공지능 시대에 우리가 해야 할 일

'지능을 가졌다'는 것은 무슨 뜻일까?

인공지능을 만들려면 지능이 무엇인지를 알아야겠지. 지능은 무엇일까? 우리 머릿속에 떠오르는 것은 지능 지수로 알려진 아이큐(IQ)일 거야. 아이큐가 높다는 것은 머리가 좋다는 것을 뜻하잖아. 그렇다면 정말 인간의 지적 능력을 측정하고 수치화할 수 있을까? 지능 지수라는 하나의 숫자가 다양한 지적 능력을 표현할 수 있을까? 이런 의문이 드는데 역시 과학자들도 지능과 지능 지수는 별개라고 말하고 있어. 지능 지수는 인간의 지능과 인지 능력을 반영하는 수치가 아니라는 거야. 역사적으로 아이큐는 20세기 초반 미국에서 인종 차별을 위해 발명된 거였어. 지능의 본질을 파악하려면 좀더 폭넓은 관점에서 이해해야 해.

아직 과학자들도 지능이 무엇인지 정확히 몰라. 하지만 인간에게만 지능이 있는 것이 아니라는 것은 알지. 지렁이와 같은 하등 동물도 환경을 감지하고 행동을 조정하는 지능이 있어. 앞서 살펴보았듯이 뇌와 신경계가 있는 생물들은 외부로부터 정보를 받아들여서 반응하며 살아가잖아. 지능은 생물이 진화하는 과정에서 출현한 뇌와 신경계의 기능이야. 중요한 사실은 지능이 진화의 산물이라는 거지. 생물의 진화 과정에서 지능을 이해해야 지능의 본질과 한계를 파악할 수 있다는 거야.

생명체는 왜 지능을 갖게 되었을까? 이 질문을 살펴보기 전에, 생명이란 무엇인가부터 생각해 보자. DNA 분자의 구조가 밝혀지면서 유전자의 관점에서 생명을 바라보게 되었어. 생명이 자손을 낳고 살아가는 것은 유전자가 자기 복제자를 생산하는 과정이잖아. 과학자들은 생명을 유전자에 의해 자기 복제를 하는 시스템이라고 정의했지. 리처드 도킨스는 『이기적 유전자』에서 모든 생명체는 '유전자의 생존 기계'라고 말했어. 유전자의 목적은 오로지 번식과 복제이고, 생명체는 유전자의 명령에 따라 작동하는 생존 기계라는 거야.

생명체는 불확실한 환경에서 살아남아서 자신의 유전자를 자손에게 남겨야 해. 그런데 태어날 때 유전자에다 살아가며 필요한 모든 지시를 담아 놓을 수는 없어. 생명체는 예측할 수 없는 상황에 부딪힐 테니까. 그래서 불확실한 상황에 대처하라고 뇌에 스스로 학습하는 지능을 탄생시킨 거야. 뇌는 유전자의 지시가 없어도 경험과 학습을 통해 의사 결정을 할 수 있도록 진화했지.

과학자들은 지능을 "다양한 환경에서 복잡한 문제를 해결하는 능력"이라고 정의하고 있어. 생명체는 평소에 생존에 필요한 정보를 기억하고 학습해야 환경의 변화에 대처할 수 있어. 바로 지능의 핵심은 기억과 학습이야. 앞서 캔델의 군소 실험에서 기억과 학습의 원리를 살펴보았잖아. 기억과 학습은 신경 세포의 시냅스 연결을 강화시켰어. 신경 세포에 시냅스의 개수를 늘리고 연결 강도를 변화시켜서 기억 정보를 저장했지. 이렇게 경험과 학습에 의해 시냅스가 바뀌는 것을 '시냅스의 가소성'이라고 하잖아. 만약 시냅스가 가변적이지 않다면 환경에 적응을 할 수 없을 거야.

생명체의 지능을 이해할수록 우리가 개발한 인공지능과 차이가 있다는 것을 알 수 있어. 흔히 인간의 뇌를 컴퓨터와 비교해. 앞서 인공 신경망에서 딥 러닝을 강화 학습, 심화 학습이라고 했어. 컴퓨터가 학습하는 것과 인간이 학습하는 것에는 어떤 차이가 있을까? 둘 다 정보를 입력하고 문제 해결을 하는 것처럼 보이지만, 둘 사이에 결정적인 차이가 있어. 하드웨어와 소프트웨어의 개념으로 설명하면 쉽게 이해할 수 있을 거야.

컴퓨터는 하드웨어와 소프트웨어가 분리되어 있어. 하드웨어는 컴퓨터의 정보 처리와 기억 저장을 담당하는 기계 장치고, 소프트웨어는 이것을 실행하는 프로그램이잖아. 컴퓨터의 하드웨어는 고정되어 있고, 프로그램을 바꿔가면서 운용되고 있어. 그런데 인간의 뇌는 하드웨어와 소프트웨어가 분리되어 있지 않아. 인간의 지능은 신체와 뇌(하드웨어)와 문제 해결 능력(소프트웨어)의 연합체라고 할 수 있어. 컴퓨터의 하드웨어에 해당하는 뇌의 시냅스는 가변적이야. 인간은 경험과 학습을 통해 시냅스의 구조를 계속 바꿔 가며 대처할 수 있는 능력이 있어.

반면에 인공지능은 고정된 하드웨어에서 주어진 프로그램만 수행할 수 있어. 생명체의 지능은 인공지능보다 훨씬 유연하고 능동적이야. 인간은 자신의 목적을 위해 지능을 사용해. 지금까지 개발된 인공지능은 인간의 목적을 수행하기 위한 것이었어. 인공지능의 '지능'은 기계의 것이 아니라 인간의 지능이라고 할 수 있지. 이렇게 생명의 관점에서 지능을 이해해야 인공 지능의 한계를 명확히 알 수 있단다.

사회적 지능과 메타인지

지능은 불확실한 상황에 대처하는 문제 해결 능력이야. 불확실한 상황은 자연환경에서만 일어나는 것이 아니지. 무리를 짓고 살아온 우리에게 인간관계에서 발생하는 사회적 문제는 더 큰 돌발 변수야. 다른 사람들의 마음을 읽고 살피는 것은 엄청난 지능과 두뇌 활동을 필요로 해. 앞서 거울 신경 세포를 통해 우리가 마음 이론이 있다는 것을 살펴보았어.

인간의 마음 읽기 능력이 얼마나 탁월한지는 드라마나 문학 작품을 보면 알 수 있어. 주인공은 주변 인물들 사이에서 복잡한 관계를 해소하고 자신의 욕망을 관철시켜. 그 과정에서 다른 사람의 마음을 예측하면서 자신의 의사를 결정하는, 사회적 추론과 사회적 지능을 활용해. 마치 체스 게임에서 몇 수를 미리 내다보면서 두는 것과 같이 머리를 쓰는 거야. 우리에게는 가족뿐만 아니라 친구, 선후배, 선생님 등등 만나는 사람이 많잖아. 사회와 조직이 크고 복잡해질수록 사회적 지능이 더욱 요구될 거야.

과학자들은 복잡한 사회적 의사 결정 과정이 뇌의 크기를 키웠다는 '사회적 지능 가설'을 제시했어. 침팬지의 뇌 용량이 400세제곱센티미터인 데 비해 인간의 뇌용량은 1500세제곱센티미터 정도로 거의 3.5배 크거든. 이렇게 인간의 뇌가 큰 것은 인간 사회가 그만큼 크기 때문이라는 거야. 인간의 집단 크기는 보통 150~200명 정도로 침팬지 집단 크기의 세 배나 돼. 그런 큰 집단에서 인간은 언어와 마음 읽기 능력을 발달시켜 복잡한 인간관계에서 생기는 문제를 해결했다는 거야.

인간의 뇌를 키운 것은 자연환경에서의 생존 문제보다 집단에서의 사회 문제였어. 누군가와 의사소통을 하기 위해서는 뇌가 쉬지 않고 작동해야 해. 상대방의 얼굴 표정을 놓치지 않고, 목소리에 귀를 기울이고, 언어를 해석하며 마음을 읽어야 하니까. 시각 피질과 청각 피질, 언어 중추 등 뇌의 여러 부위에 신경 세포들이 강하게 연결되었던 거야.

　우리의 사회적 지능은 인공지능이 흉내 내기 어려운 부분이야. 페이스북 연구원들은 이미지를 보고 다음에 어떤 일이 일어날지를 예측하는 인공지능을 만들었어. 해변, 골프장, 기차역, 병원 등에서 사람들 사이에 벌어지는 장면을 200만 개나 찍어서 영상으로 인공지능을 훈련시켰어. 그런데 인공지능은 우리가 사회적 관계에서 상식이라고 부르는 규칙들을 이해하지 못했어. 누군가 앉으려고 할 때 뒤에서 의자를 빼서는 안 되잖아. 인공지능에게는 이러한 기본적인 규칙조차 가르치는 것이 어려웠지. 인공지능이 배운 것은 고작 200만 개의 영상뿐이니까, 수백만 년 동안 진화의 역사에서 터득한 인간의 사회적 지능을 따라올 수 없었어.

　인공지능이 할 수 없는 것이 또 있어. 인간의 '자기 인식'이야. 자신이 무엇을 하고, 무슨 생각을 하는지를 아는 것을 말하는데 이러한 자기 인식은 사회적 지능에서 나왔어. 여러 사람이 모여서 의사소통을 하다 보면 서로의 마음을 읽게 되잖아. 상대방이 나에 대해 어떤 생각을 할까를 계속 생각하게 되지. 그 생각에 대한 나의 생각이 있고, 또 그에 대한 상대방의 생각이 있고, 이렇게 꼬리에 꼬리를 물고 추론하게 되는데 우리는 그 과정에서 자신을 객관화하고 성찰하게 된 거야.

또한 자기 인식은 '생각에 대한 생각'이라는 메타인지를 낳았어. 예를 들어 인지가 뉴턴의 운동 법칙을 아는 것이라면 메타인지는 자신이 운동 법칙을 안다는 것을 아는 거야. 시험에 어떤 문제가 주어졌을 때 그것이 정답이라는 사실, 내가 정답을 썼다는 것까지 아는 것이지. 우리는 자신이 어떤 대답을 하고는 확실한지 아닌지 망설이고 주저하잖아. 이것이 메타인지가 있다는 증거야. 이 책 1권의 1장에서 소크라테스의 '무지를 아는 지혜'를 말했어. "너 자신을 알라."는 "네가 무엇을 잘못했는지, 무엇을 모르는지를 알라."는 뜻이지. 소크라테스는 메타인지의 중요성을 말한 거야.

메타인지는 인간에게 주어진 고차원적인 인지 능력이야. 인공지능은 인간처럼 스스로 모른다는 것을 인지할 수 없어. 하지만 우리는 모른다는 것을 자각하고 질문하며 배우고 터득하잖아. 우리가 바로 앎의 주체라는 거야. '나는 왜 공부를 할까', '나는 무엇을 위해 공부할까?'라는 근본적인 질문이 공부의 목표와 동기를 제공해. 메타인지는 학습에 큰 도움을 주지. 자신을 스스로 평가하고, 자기 주도적으로 학습 과정을 통제할 수 있으니까.

요즘 메타인지 학습법은 상위 1퍼센트가 되는, 공부 잘하는 방법으로 각광받고 있어. 그런데 메타인지를 깊이 이해할 필요가 있어. 진화 과정에서 메타인지나 자기 인식은 사회적 지능을 얻기 위해 출현한 거야. 상대방이 나를 어떻게 생각하는지, 타인의 관점에서 나를 보는 것은 자기중심적인 욕망을 억제하고 사회적 규범에 잘 적응하기 위해서야. 특별한 '자기'를 발견한 것 같지만 결국 타인과의 관계를 조율하며 살아가는 '자기'였지. '나는 무엇을 위해 공부할까?'와 같은 질문에는 개인적인 목표만 있는 것이 아니야. 우리 사회가 추구하는 목표와 자기 삶의 목표가 함께 들어 있어.

앞으로 미래는 어느 때보다 불확실해졌어. 인공지능이 우리의 일자리를 빼앗을까? 20년 후에는 어떤 직업이 유망할까? 아마 이 질문에는 전문가들도 쉽게 대답할 수 없을 거야. 사회가 급변하고 예측하기 어려울 때 삶에 나침판이 되는 것은 책 읽기와 자기 성찰이란다. 자기 성찰이 어려운 말인 것처럼 느껴지지만 그리 어려운 말이 아니야. 인간의 지능이 매일 하고 있는 자기 인식이나 메타인지가 바로 성찰이지. 자신의 생각과 감정을 멀리 떨어져서 보다 보면 큰 그림으로 세상을 보게 돼. 지식을 아는 것보다 왜 이 지식이 중요한지를 아는 것, 기계가 따라올 수 없는 인간의 가치를 아는 것, 이러한 메타인지에서 나온 통찰이 자신의 삶과 사회를 변화시키는 거야.

인공지능의 역습에 어떻게 대처할 것인가

언젠가는 기계가 인간의 지능을 뛰어넘을 것이라는 예측이 나오고 있어. 엔지니어이자 미래 전문가인 레이먼드 커즈와일은 2045년쯤에 '특이점이 온다'고 내다보았어. 특이점은 기술이 인간을 초월하는 시점이야. 유전공학과 나노 기술, 로봇공학의 힘으로 특이점에 도달하면 인류는 생물학적 몸의 한계를 극복할 수 있다는 거야. 하지만 대부분의 과학자들은 특이점이 올 가능성이 낮다고 보고 있어. 아직 인공지능 기술은 인간의 지능을 복제하는 수준에도 미치지 못하고 있거든. 초지능에 의해 인류가 지배되거나 멸종하는 일은 조만간 오지 않을 거야.

하지만 인공지능이 어느 때보다 강력한 도구가 되어 가는 것은 확실해. 인공지능을 만든 우리는 분명히 새로운 책임에 직면했어. 1920년에 처음 '로봇'이라는 용어가 등장할 때부터 우리가 걱정했던 것은 따로 있었어. 체코의 작가 카렐 차페크는 SF 소설 『로봇』에서 "인간에게 가장 끔찍한 것은 다름 아닌 인간 자신"이라는 말을 해. 안드로이드든, 복제 인간이든, 인류가 정말 두려워해야 할 것은 기계가 아니라 기계를 둘러싸고 벌어질 인간들 사이의 문제라는 거야. 인공지능을 가진 자와 못 가진 자가 있잖아. 인공지능이 인간으로부터 일자리와 존엄성과 인권을 빼앗는 것이 아니라 인간이 빼앗는 거니까.

인공지능은 이미 인공지능을 가진 사람들에게 커다란 권력과 돈을 부여하고 있어. 이들은 왜 인공지능을 만들었는가? 이들은 누구의 이익을 위해서 일하는가? 이런 질문을 항상 해야 해.

모든 기술은 사회와 기술의 상호 작용으로 만들어지기 때문에 가치 중립적일 수 없어. 인공지능은 자본과 돈을 위해 이용될 수 있고, 정치적으로 편향된 정보를 만들어 낼 수 있거든. 잘못 개발된 인공지능은 세계의 불평등을 심화시키고, 세계 질서를 파괴할 수 있으니까. 우리가 걱정해야 하는 것은 기술 자체가 아니라 인간이 어떻게 기술을 설계하고 이용하는지에 있단다.

스티븐 호킹이나 일론 머스크와 같은 과학자나 기업인은 인공지능의 위험성에 대해 경고했지. 무분별한 인간의 욕망으로 개발된 인공지능이 인류를 파멸시킬지도 모른다고 말이야. 인공지능이 인류에게 좋은 것이 되려면 인공지능을 만드는 목적을 분명히 해야 한다고 강조했어.

2014년 스웨덴 출신의 MIT 물리학 교수 맥스 테그마크는 인공지능이 도래할 미래를 준비하기 위해 '생명의 미래 연구소'를 설립했어. 호킹이나 일론 머스크는 물론이고 노벨 물리학상 수상자 프랭크 윌첵, 구글 딥마인드의 데미스 하사비스 등이 참여하는 '이로운 AI 운동'을 이끌어냈지. 이들은 1970년대에 생명공학자들이 유전자 조작 기술의 위험성에 대해 토의한 '애실로마 회의'와 같이 인공지능에 대해서 사회적 합의를 도출하려고 한 거야. 인공지능 개발자들은 말할 것도 없고 전 세계 사람들의 관심을 촉구했어. 여러 차례 모임을 통해 공개서한을 작성해서 인공지능의 저명 인사를 포함한 8000명의 서명을 받아 냈어. 이 모임을 확대해서 2017년에 캘리포니아의 애실로마에서 컨퍼런스를 개최하고, '애실로마 AI 원칙'을 제정했단다.

애실로마 AI 원칙의 핵심 메시지는 인공지능의 목적을 정의하는 것이었어. "인공지능의 연구 목적은 방향 없는 지능이 아니라 인간에게 이로운 지능을 개발하는 것이다." 여기에는 인공지능의 안전성과 책임성, 사법적 투명성, 개인 정보 보호, 이익의 공유 등 윤리와 가치 문제가 포함되어 있어. 인공지능은 인간의 가치와 일치하도록 설계되어야 한다는 거야. 인간이 지향하는 가치로는 인간의 존엄성, 권리, 자유 및 문화적 다양성 등이 제시되었지. 이처럼 인공지능의 개발은 고려해야 할 것들이 많아. 과학 기술만 발전한다고 해결할 수 있는 문제가 아니야.

지금 우리 앞에 놓인 과제는 인공지능 전환에 대한 준비 작업이야. 인공지능이 인류를 파멸시킬까, 구원할까? 인공지능의 미래는 유토피아일까. 디스토피아일까? 이렇게 과학 기술이 어떻게 세상을 바꾸어 놓을지를 걱정하기 전에 먼저 질문해야 할 것이 있어. 우리가 원하는 유토피아는 무엇일까? 이것부터 용기 내어 상상해야 해. 『맥스 테크마크의 라이프 3.0』에서는 인공지능 연구자만이 아니라 모두가 참여해서 인공지능 시대를 준비해야 한다고 강조해. 그리고 맥스 테크마크는 이렇게 의미심장한 말을 해. "여러분은 어떤 종류의 미래를 원하는가? 인공지능의 시대에 인간임은 무엇을 의미할 것인가? 당신은 인간임이 무엇을 뜻하기를 원하며, 미래를 그렇게 만들려면 어떻게 해야 하는가?"

이렇게 미래는 여러분 손에 달려 있어. 이 책을 시작할 때

'소크라테스의 죽음'을 함께 보았잖아. 소크라테스는 의심했고, 진리를 찾았고, 더 나은 세상을 꿈꿨어. 그런데 아테네의 평범한 시민들은 소크라테스의 말에 귀 기울이지 않았지. 우리 앞에서 누군가 좋은 이야기를 해도, 우리가 받아들이지 않는다면 세상은 조금도 나아지지 않을 거야. 과학 기술은 몇몇 과학자와 기술자가 만든 것 같지만 그렇지 않아. 지금 이 책을 읽은 여러분 한 명, 한 명이 과학 기술을 만들어 갈 미래의 주역이야. 위기에 처한 지구 환경을 살리고, 과학기술을 올바르게 사용하는 데 힘을 모을 사람은 우리 모두니까. 과학이 들려준 이야기를 통해 지구에서 인간으로 태어난 책임을 자각하고, 훌륭한 세계 시민으로 성장하길 바란다.

V. 원자

『아톰 익스프레스』

조진호 지음 | 위즈덤하우스 | 2018

원자 발견의 역사를 추적하면 아마 2000년을 거슬러 올라갈 거야. 그런데 그 2000년 동안 원자는 오리무중이었어. 신기루처럼 과학자의 마음속에서 나타났다 사라졌다를 반복했지. 과학자들이 얼마나 답답했을까? 원자가 뭐길래 말이야. 도대체 원자가 있기는 한 것일까? 머리를 쥐어뜯으면서 원자를 붙잡고 매달린 과학자들이 이 책의 주인공이야. 데모크리토스, 플라톤, 아리스토텔레스, 라부아지에, 돌턴, 베르셀리우스, 아보가드로, 칸니차로, 멘델레예프, 패러데이, 맥스웰, 카르노, 줄, 클라우지우스, 볼츠만,

아인슈타인 등등 유명한 과학자들은 거의 등장하는 것 같아. 만화가 조진호는 철학에서 고전역학, 화학, 전자기학, 열역학을 두루 꿰뚫으며 이들의 탐구과정을 입체적으로 살려 냈어. 만화의 한 장면을 보면 그가 어떤 과학자인지 딱 알 수 있지. 그만큼 표현이 잘 되어 있어. 재치 있는 그림과 말풍선 속에 과학의 개념이 숨어 있으니 놓치지 말고.

『주기율표』

에릭 셔리 지음 | 김명남 옮김 | 교유서가 | 2019

2019년은 유엔(UN)이 정한 '국제 주기율표의 해'야. 주기율표가 나온 지 150주년이 되는 해이거든. 화학자들에게 주기율표는 보물 상자이며 세계 지도야. 이 한 장에 물질의 구성 원리, 화학의 전부가 담겨져 있으니까. 원자와 분자가 어떻게 조합되어 우리가 아는 물질을 만드는지 한 눈에 알 수 있지. 주기율표에는 과학자들이 원소와 원자에서 밝혀 낸 위대한 이야기가 담겨 있어. 저자 에릭 셔리는 주기율표의 역사에 관해서는 세계적 권위자야. 그는 이 책에서 어떻게 주기율표가 탄생했는지를 상세히 설명하고 있어. "수헬리벤, 붕탄질산……."을 외우기 전에 이 책을 읽으면 복잡하게 보이던 주기율표가 체계적으로 머릿속에 정돈될 거야. 원자의 구조나 전자의 배치에 대해 한층 깊이 있게 이해할 수 있어. 주기율표를 공부하면서 지구에서 발견된 90여 종 원소와 과학자들이 합성한 원소까지 총 118종의 원소를 살펴보는 것도 좋을 것 같아. 시어도어 그레이가 쓴 『세상의 모든 원소 118』을 추천할게.

통통한 과학책 2

『불멸의 원자』

이강영 지음 | 사이언스북스 | 2016

이 책에는 원자를 탐구한 물리학자들이 많이 나와. 책 겉표지를 장식한 엔리코 페르미를 비롯해서 폰 노이만, 존 바딘, 윌리엄 쇼클리, 폴 디랙, 로버트 윌슨, 파울 에렌페스트, 이시도어 라비, 주세페 오키알리니, 유진 위그너 등 우리가 평소에 접하지 못했던 물리학자들이 소개돼. 저자 이강영 교수는 물리학자들의 인간적인 면모를 잘 그려 내서 독자들의 마음을 울리고 있어. 딱딱한 원자를 말랑말랑한 삶의 이야기로 채워 놓았지. 또 감동적인 글은 원자폭탄의 개발 과정과 히로시마 원폭 투하를 교차 편집해서 쓴 거야. 전쟁 중이었지만 원자폭탄을 만든 것은 물리학자였잖아. 정말 꼭 해야 할 일이었는지, 도덕적 책임에 모두 괴로워했지. 히로시마 원폭 투하로 희생된 20만 명 중에 2만 명이 조선인이었어. 핵폭탄에 의해서 일본인 다음으로 한국인이 많이 희생되었지. 히로시마와 나가사키에 원폭 투하는 잊지 말아야 할 역사적 사건이야. 보이지 않는 세계에 있는 원자는 이렇게 우리 삶 가까이 있단다.

● 김병민 지음, 『사이언스 빌리지: 슬기로운 화학생활』, 동아시아, 2019

● 이강영 지음, 『스핀』, 계단, 2018

● 올리버 색스 지음, 이은선 옮김, 『엉클 텅스텐』, 바다출판사, 2015

● 필립 볼 지음, 강윤재 옮김, 『자연의 재료들』, 한승, 2007

● 로버트 P. 크리스 지음, 김명남 옮김, 『세상에서 가장 아름다운 실험 열

가지』, 지호, 2006

● 잭 챌로너 지음, 장정문 옮김, 『원자』, 소우주, 2019

● 지노 세그레 · 베티나 호엘린 지음, 배지은 옮김, 『엔리코 페르미 평전』,
반니, 2019

VI. 빅뱅

『처음 읽는 우주의 역사』
이지유 지음 | 휴머니스트 | 2012

　　과학 교과서에는 우주 이야기만 나오고, 우주를 탐구한 사람들의 이야기는 잘 나오지 않아. 과연 과학자들이 어떻게 빅뱅 이론을 발견했을까? 이 책을 쓴 이지유은 '별똥별 아줌마'로 유명한 천문학자이며 과학 논픽션 작가야. 이 책은 어려운 우주론의 내용을 과학자의 이야기로 풀어썼어. 20세기 아인슈타인부터 이야기가 시작하는데 놀랍게도 아인슈타인도 모르는 것이 많았어. 그가 납득할 수 없는 우주에 관한 가설과 관측 결과가 계속 등장하는 거야. "뭐, 우주가 변한다고?" 우주를 탐구할수록 우리가 예상하지 못한 사실이 밝혀졌어. 과학자들도 당혹스러웠으니, 과학자들 사이에 논쟁이 뜨거울 수밖에 없었지. 이 책은 과학자들이 이리저리 문제에 부딪히고 서로 싸우고, 고뇌하고, 실패하는 과정이 생생하게 묘사되고 있어. 재미있게 읽다 보면 어느새 우주론의 개념까지 머릿속에 쏙 들어오는 책이야.

『별, 빛의 과학』

지웅배 지음 | 최준석 그림 | 위즈덤하우스 | 2018

왜 우주를 알아야 할까? 아이들은 지금 보고 있는 세계가 전체인 줄 알아. 어느덧 큰 세계를 경험하고, 자신이 서 있는 곳이 큰 흐름의 일부라는 것을 확인하지. 그 순간 어른이 되는 거야. 우리는 우주를 탐구하면서 광활한 우주에서 인간의 위상과 생명의 소중함을 돌아볼 수 있어. 이 책의 저자 지웅배는 은하를 연구하면서 과학 커뮤니케이터로 활동 중인 젊은 연구자야. 통통 튀는 매력으로 별들의 이야기를 재미있게 들려주고 있어. 그저 별의 겉모습만 보는 것이 아니라 진짜 별의 내면(속마음)을 이해하고 사랑하는 법을 알려 준단다. 우주, 코스모스, 유니버스, 스페이스는 어떻게 다를까? 최근의 우주 탐사가 궁금하다고? 화성, 목성, 토성은 물론 태양계 바깥 외계 행성을 찾아 나선 이야기까지, 유익하고 흥미 있는 내용이 넘쳐나는 책이야.

『경이로운 우주』

브라이언 콕스·앤드루 코헨 지음 | 박병철 옮김 | 해나무 | 2019

우주의 이야기가 나와 상관없는 딴 세상 이야기라고? 그렇지 않아. 과학자들이 우주를 연구하고 발견한 것은 우주와 우리 자신이 긴밀하게 연결되어 있다는 거야. 우리 몸, 우리가 사랑하는 것, 귀하게 여기는 것 모두가 우주 탄생 후 몇 분 만에 만들어졌지. 우리가 죽으면 우주로 되돌아가 끝없는 순환을 반복할 거야. 우리는 우주의 일부이고, 우주의 운명이 곧 우리의 운명이야. 우주에서 일어나는 법칙은 우리에게도 똑같이 적용된단다. 이 책은 영국 BBC 방송국에서 과학 다큐멘터리로 만들어진 시리즈 중에 하나야. 입자물리학자인 브라이언 콕스가 해설을 맡고, 이 책을 썼어. 다큐멘터리 영상에서 담지 못한 과학적 개념을 책에서 상세하게 설명하고 있지. 다큐멘터리 경이로운 시리즈는 과학을 스토리텔링으로 엮어 내는 데 최고일 거야. 책과 영상으로 꼭 만나보길 바래.

- 이지유 지음,『빅뱅 쫌 아는 10대』, 풀빛, 2019
- 사이먼 싱 지음, 곽영직 옮김,『빅뱅: 우주의 기원』, 영림카디널, 2015
- 이강환 지음,『빅뱅의 메아리』, 마음산책, 2017
- DK『과학 원리』편집위원회 지음, 김홍표 옮김,『과학 원리』, 사이언스북스, 2018
- 김병민 지음, 김지희 그림,『사이언스 빌리지』, 동아시아, 2016

VII. 유전자

『이일하 교수의 생물학 산책』

이일하 지음 | 궁리 | 2014

20세기 전반이 물리학의 시대였다면 20세기 후반부터는 생물학의 시대일 거야. DNA의 발견 이후에 분자생물학, 유전학, 생화학이 발전하면서 생물학 교과서를 바꾸었어. 유전자의 관점에서 생명현상의 개념들을 다시 설명하기 시작했지. 이렇게 생물학 지식이 폭발적으로 증가하니까 교육 과정에서 그 변화를 따라가기 힘들었어. 중고등학생은 물론 선생님들까지 생물학을 배우고 가르치는 데 어려움을 느끼게 되었지. 이러한 문제의식에서 출발한 책이 『이일하 교수의 생물학 산책』이야. 이일하 교수는 현행 교과 과정과 교과서를 검토하면서 이 책을 쓰기로 결심했다고 해. 얘들아, 생물학은 암기 과목이 아니야! 저자는 이 점을 강조하고 있는데 정말 이 책을 펼쳐 보면 생물학이 물리학이나 수학, 화학처럼 논리적 사고를 하는 과목이라는 것을 느낄 수 있어. 고등학교 1학년 학생들을 위해 쓰여서 그런지, 설명이 친절하기 이를 데 없단다.

『유전자의 내밀한 역사』

싯다르타 무케르지 지음 | 이한음 옮김 | 까치 | 2017

싯다르타 무케르지는 암 연구자이면서 의사인데 2011년에 『암: 만병의 황제의 역사』로 퓰리처상을 받았어. 그 후에 나온 『유전자의 내밀한 역사』는 고대 그리스에서 현대에 이르기까지 2000년이나 되는 방대한 유전자의 역사를 담고 있어. 유전자의 역사가 그렇게 오래되었다고? 이렇게 놀라겠지만 인류는 오래전부터 부모에서 자식으로 전해지는 유전 현상에 관심을 가졌어. 철학과 인문학에서 유전자를 탐구하다가 20세기에 들어서 과학이 유전자의 실체를 밝히기 시작했으니까. 1950년대에 DNA가 발견되었고, 1970년대는 유전자 재조합 기술이 나왔어. 1980년대는 인간 유전체를 해독하는 게놈 프로젝트가 추진되었지. 그 과정에서 유전자는 과학, 인간, 문화, 사회를 바꾸었어. 앞으로 우리는 유전공학 기술을 어떻게 사용해야 할까? 유전자의 역사를 통해 우리가 배울 점이 무엇인지 생각해보자.

『탄생의 과학』
최영은 지음 | 웅진지식하우스 | 2019

발생학은 유기체 생물학의 수수께끼였어. 하나의 세포에서 어떻게 생물 전체로 자라날 수 있을까? 최근에 분자생물학과 유전학의 발전으로 배아 발생의 깊은 수준까지 이해하게 되었지. 유전자가 배아에서 생겨나는 세포들을 통제해서 팔다리와 피부, 머리카락, 장기 등을 순차적으로 만든 거야. 『탄생의 과학』은 이러한 발생학을 알기 쉽게 설명하고 있어. 이 책의 저자, 최영은 교수는 미국 조지타운 대학에서 발생학과 유전학을 연구하는 과학자야. 이 책은 청소년의 눈높이에서 발생학과 관련된 임신과 수정, 후성유전학, 인간 배아 복제, 세포 치료제, 줄기세포, 인공 장기 등 다루고 있어. 그 과정에서 우리가 잘못 알고 있는 과학적 사실을 바로 잡고 사회적 편견을 없애 주는 좋은 과학책이야.

● 마틴 브룩스 지음, 이충호 옮김, 『초파리』, 갈매나무, 2013
● 브렌다 매독스 지음, 나도선 · 진우기 옮김, 『로잘린드 프랭클린과 DNA』, 양문, 2004
● 김홍표 지음, 『김홍표의 크리스퍼 혁명』, 동아시아, 2017
● 김응빈 지음, 『나는 미생물과 산다』, 을유문화사, 2018

- 송기원 지음, 『송기원의 포스트 게놈 시대』, 사이언스북스, 2018
- 이명현 등 지음, 『과학, 누구냐 넌?』, 사이언스북스, 2019

VIII. 지능

『기억을 찾아서』
에릭 R. 캔델 지음 | 전대호 옮김 | 알에이치코리아 | 2014

에릭 캔델은 신경과학계에 살아 있는 전설과 같은 분이야. 1929년에 오스트리아 빈에서 태어나서 2차 세계 대전 중에 미국으로 이민을 갔어. 하버드 대학에서 유럽의 역사와 문화를 공부하다가 의과대학에 진학해서 생물학을 공부하기 시작했지. 그 후 신경과학이라는 새로운 학문 분야를 개척하고 2000년에 노벨 생리의학상을 받아. 바다달팽이, 군소의 신경계를 이용해서 기억의 과정을 분자생물학적으로 밝혔거든. 눈에 보이지 않은 기억을 유전자, 단백질, 시냅스의 연결로 환원해서 설명했단다. 이 책은 그의 일생과 연구 과정을 담은 자서전이야. 20세기 초반 신경과학계의 선구적 업적을 남긴 과학자들을 소개하며, 자신의 성공과 실패를 진솔하게 이야기하고 있어. 에릭 캔델은 훌륭한 과학자이며 좋은 저술가거든. 이 책 한 권으로 신경과학의 살아 있는 역사를 살펴볼 수 있어.

『기계는 어떻게 생각하고 학습하는가』
뉴 사이언티스트 외 지음 | 김정민 옮김 | 한빛미디어 | 2018

이 책의 저자들은 현재 인공 지능의 전망이 부풀려져 있다고 진단하고 있어. 여러 학자들이 예측하는 특이점이나 초지능 시대가 곧 들이닥치지는 않는다는 거야. '특이점이 절대로 오지 않을 5가지 이유'를 제시하고, 오히려 '인공 지능의 겨울'이 올지도 모른다고 경고하고 있지. 인공 지능의 열기에 찬물을 끼얹는 것 같지만 이렇게 냉철하게 인공 지능의 한계를 파악하는 것이 필요해. 우리가 너무 빅데이터와 인공 지능에 의지해서 살다가는, 사고하고 질문하는 법을 잊어버릴 수 있어. 진짜 걱정해야 할 것은 기계가 인간을 지배하는 파국적 상황이 아니라 우리가 인공 지능 때문에 인간적인 가치를 잃어버리는 거야. 이 책은 이렇게 인공 지능의 진정한 위험을 알려주고 있어.

『지능의 탄생』
이대열 지음 | 바다출판사 | 2017

인공 지능을 만들려다 보면 지능이 무엇인지를 알아야 해. 우리는 지능하면 지능지수(IQ, Intelligent-Quotient)가 떠오르잖아. 이 책의 저자, 예일대 신경과학과의 이대열 교수는 지능을 지능지수로 판단하는 인간적 관점을 바꾸어야 한다고 강조해. 지능을 그보다 더 폭넓은 개념으로 이해해야 한다는 거야. 이 책은 지능의 탄생 과정을 살펴보면서 지능을 생명의 기능이며 진화의 산물로 설명하고 있어. 생명체는 불확실한 환경에서 살아남아 자신의 유전자를 자손에게 남겨야 해. 태어날 때 유전자에 살아가며 필요한 모든 지시를 담아놓을 수 없으니까. 뇌에 스스로 학습하는 지능을 탄생시킨 거야. 결국 지능은 진화의 과정에서 유전자가 자기 복제를 위해 만들어 낸 도구라고 할 수 있지. 이대열 교수는 지능에서 자기 복제의 기능을 중요하게 보고 있어. 만약 인간의 지능을 뛰어넘는 특이점이 오더라도 인공 지능이 스스로 복제를 하지 않는다면 걱정할 것 없다고 주장하고 있단다.

- 송민령 지음, 『송민령의 뇌과학 연구소』, 동아시아, 2017
- 장대익, 『울트라 소셜』, 휴머니스트, 2017
- 스테퍼니 맥퍼슨 지음, 이가영 옮김. 『수상한 인공 지능』, 다른, 2018
- 에릭 캔델 · 래리 스콰이어 지음, 전대호 옮김, 『기억의 비밀』, 해나무, 2016
- 박정일 지음, 『튜링 & 괴델: 추상적 사유의 위대한 힘』, 김영사, 2010
- 마틴 데이비스 지음, 박정일, 장영태 옮김, 『수학자, 컴퓨터를 만들다』, 지식의풍경, 2005
- 맥스 테그마크 지음, 백우진 옮김, 『맥스 테크마크의 라이프 3.0』, 동아시아, 2017
- 크리스티안 케이서스 지음, 고은미, 김잔디 옮김, 『인간은 어떻게 서로를 공감하는가』, 바다출판사, 2018
- 전치형 지음, 『사람의 자리』, 이음, 2019